液压与气压传动应用

主编　梁新平

重庆大学出版社

内容提要

　　本书是高职高专制造大类专业的教学用书,是基于行动导向教学、服务于液压与气压传动精品课的纸介、精品课网站于一体的立体化教材。

　　本书遵循以应用能力和综合素质培养为主线的指导思想,主要包括液压传动系统的安装与调试、液压系统的维护、气压传动系统的安装与调试、气动系统的维护4个教学情境,共17个教学任务,每个教学任务都按照资讯、计划、决策、实施、检查和评价6个教学步骤进行设计,本书适用于采用行动导向教学的引导文教学法。

图书在版编目(CIP)数据

　　液压与气压传动应用/梁新平主编.—重庆:重

重庆大学出版社,2012.9(2023.8重印)

　　高职高专机电一体化专业系列教材

　　ISBN 978-7-5624-6798-4

　　Ⅰ.①液…　Ⅱ.①梁…　Ⅲ.①液压传动—高等职业教育—教材　②气压传动—高等职业教育—教材　Ⅳ.

①TH137　②CH138

　　中国版本图书馆 CIP 数据核字(2012)第 125830 号

液压与气压传动应用

主编　梁新平

策划编辑:周　立

责任编辑:文　鹏　夏　婕　版式设计:周　立
责任校对:刘雯娜　　　　　责任印制:张　策

*

重庆大学出版社出版发行
出版人:陈晓阳
社址:重庆市沙坪坝区大学城西路 21 号
邮编:401331
电话:(023)88617190　88617185(中小学)
传真:(023)88617186　88617166
网址:http://www.cqup.com.cn
邮箱:fxk@cqup.com.cn(营销中心)
全国新华书店经销
POD:重庆市圣立印刷有限公司

*

开本:787mm×1092mm　1/16　印张:11.25　字数:281 千
2012 年 9 月第 1 版　　2023 年 8 月第 2 次印刷
印数:3 001—3 570
ISBN 978-7-5624-6798-4　定价:36.00 元

前　言

本书遵循以应用能力和综合素质培养为主线的指导思想,以任务为引导,精选真实任务作为学习项目,吸收了多所高职院校教学改革的成果,对教学内容进行了重组和整合。本教材的内容来源于实践,经过归纳、分析,得出系统化理论后,又应用于实践,指导实践。

本书是以基于行动导向教学范式进行编写的,配合精品课网站(http://www.xatzy.cn)的引导文和课件引导文教学法。引导文教学法是指借助引导文,通过学习者对学习性工作过程的自行控制,引导学生独立进行学习性工作的教学方法。它有助于学生关键能力的培养,是项目教学法中最常见的方法。引导文教学法的实施包括6个步骤,也称为六步法。此种模式把一个教学内容用具体的学习性任务来体现,学生通过完成任务获得知识、提高能力和素质。这种模式把完成任务的过程分为资讯(获取信息)、计划(确定计划)、决策(作出决定)、实施(实施计划)、检查(检查计划)和评价(评价成果)。学生要完成任务必须通过各种媒体获得相关的知识,此为资讯阶段;学生通过小组内部讨论确定完成任务的方式和具体方案,此为计划决策阶段;学生把具体方案在实训设备或演练场地做出来,此阶段为实施阶段;学生整个工作过程中由本小组、其他组和教师进行全程的检查和评价,此阶段为检查评价阶段。学生独立的学习与工作是引导文教学过程中的一大亮点。这种教学方法很好地调动了学生的学习积极性。

本书包括"液压传动系统的安装与调试""液压系统的维护""气压传动系统的安装与调试""气动系统的维护"4个教学情境,共17个教学任务。教材的编写始终贯彻实用性原则,理论知识以"必需""够用"为度,不片面追求学科的系统性和完整性,力求做到理论与实践的统一。

本书由梁新平主编,姚娇凤、顾天胜、牛晓玲、高小鹏参编,具体分工如下:梁新平编写学习情境一和学习情境三中的任务2和任务5;姚娇凤编写学习情境三中的任务3和学习情境四;顾天胜编写学习情境二和学习情境三中的任务1;牛晓玲编写学习情境三中的任务4;高小鹏编写学习情境一中的任务1。

本书在编写过程中得到了西北机器股份有限公司、中铁一局新运公司的大力帮助,在此深表谢意。同时,本书的编写还参阅了一些相关的文献资料,在此向文献资料的作者表示诚挚的感谢。

由于高职教育教学改革还处于探索阶段,行动导向教学经验还需不断积累,加之编写时间仓促及编者水平有限,书中难免存在错误和不妥之处,恳请读者指正。

编　者

2012 年 6 月

目　录

学习情境一　液压传动系统的安装与调试

情境描述

　　机器中传动部分的作用是传递运动和动力。传动方式有:机械传动、电气传动和流体传动。流体传动又分为液体传动(液压传动、液力传动)和气体传动(气压传动、气力传动)。本书主要介绍液压与气压传动技术。本情境通过完成 10 个具体的学习性工作任务,学习液压传动的工作原理和组成,液压系统各组成部分的功用和工作原理,基本液压回路和液压系统的安装、调试。图 1-1 所示为液压机。

图 1-1　液压机

知识目标

- 掌握各类液压元件的功用、结构特点、工作原理和应用特点;
- 掌握各类基本液压回路的作用、组成、工作原理及应用;
- 熟悉各类液压元件的图形符号画法及应用;
- 掌握液压系统工作原理图的识读方法。

能力目标

- 能够分析液压回路的工作原理,能画出各类液压元件的图形符号;
- 能根据要求画出各类基本回路;
- 能根据工作要求选择合适的液压元件;
- 能熟练地连接回路、操作各液压元件进行回路的安装和调试。

任务1 挖掘机液压传动系统的认知

◎ **任务说明**

观察挖掘机的工作过程,重点观察其大臂、小臂实现伸缩往复运动的方式。在实训室操作挖掘机模型,操作控制手柄,控制大臂、小臂的伸缩,挖斗的收放,整体的旋转,调节其速度,了解系统的工作原理、组成及各部分的作用。图1-2 所示为液压挖掘机。

图1-2 液压挖掘机

◎ **任务要求**

- 能区分挖掘机液压系统的几个组成部分。
- 能描述各组成部分的基本功能和液压传动的工作原理。
- 会启动液压泵,调整系统的工作压力。

◎ **资讯**

用液体作为工作介质来实现能量传递的传动方式称为液体传动。主要利用非封闭状态下液体的动能来进行工作的传动方式称为液力传动,主要利用密闭系统中的受压液体来传递运动和动力的传动方式称为液压传动。

一、液压传动的工作原理

图1-3 所示为液压千斤顶的液压系统工作原理图。液压千斤顶由手动柱塞泵和举升缸两部分构成。手动柱塞泵由杠杆1、小活塞2、小缸体3、单向阀4和5等组成;举升缸由大活塞7、大缸体6、泄油阀9组成;另外还有油箱10和重物8。

工作时,先提起杠杆1,小活塞2被带动上升,小缸体3下腔的密闭容积增大,腔内压力降低,形成部分真空,单向阀5将所在油路关闭,而油箱10中的油液则在大气压力的作用下推开单向阀4的钢球,沿吸油孔道进入并充满小缸体3的下腔,完成一次吸油动作。接着压下杠杆1,小活塞2下移,小缸体3下腔的密闭容积减小,缸体内压力升高,使单向阀4关闭,阻断了油液流回油箱的通路,并使单向阀 5 的钢球受到一个向上的作用力,当这个作用力大于缸体 6 下腔对它的作用力时,钢球被推开,油液便进入大缸体的下腔,推动大活塞 7 向上移动,将重物 8 顶起一段距离。反复提压杠杆 1,就可以使大活塞 7 推举重物 8 不断上升,达到起重的目的。将泄油阀 9 转动 90°,大缸体 6 下腔与油箱连通,大活塞 7 在重物 8 推动下下移,下腔的油液通过泄油阀 9 排回油箱 10。

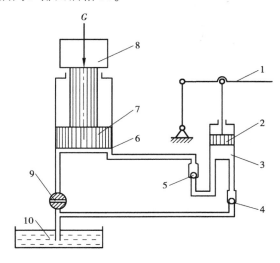

图 1-3　液压千斤顶的工作原理图

1—杠杆;2—小活塞;3—小缸体;4,5—单向阀;
6—大缸体;7—大活塞;8—重物;9—泄油阀;10—油箱

　　从液压千斤顶的工作过程可以归纳出液压传动的基本原理如下:

　　①液压传动以液体作为传递运动和动力的工作介质;

　　②液压传动中经过两次能量转换,先把机械能转换为便于输送的液体的压力能,然后把液体的压力能转换为机械能对外做功;

　　③液压传动是依靠密闭的容器内密封容积的变化来传递能量的。

二、液压传动系统的组成

　　图 1-4(a)所示为一台简化了的机床工作台液压系统原理图,通过它可以进一步了解一般液压传动系统应具备的基本性能和组成情况。

　　在图 1-4(a)中,液压缸 7 固定在床身上,活塞 8 连同活塞杆带动工作台 9 做往复运动。液压泵 3 由电动机驱动,通过滤油器 2 从油箱 1 中吸油并送入密闭的系统内。

　　若将换向阀 6 的手柄向右推,使阀芯处于如图 1-4(b)所示位置,则来自液压泵的压力油经节流阀 5 到换向阀 6 并进入液压缸 7 左腔,推动活塞连同工作台 9 向右移动。液压缸 7 右腔的油液经换向阀 6 流回油箱。

　　若将换向阀 6 的手柄向左推,使阀芯处于如图 1-4(c)所示位置,则来自液压泵的压力油经节流阀 5 到换向阀 6 并进入液压缸 7 右腔,推动活塞连同工作台 9 向左移动。液压缸 7 左腔的油液经换向阀 6 流回油箱。

　　若换向阀阀芯处于如图 1-4(a)所示中间位置,液压缸两腔被封闭,活塞停止不动。

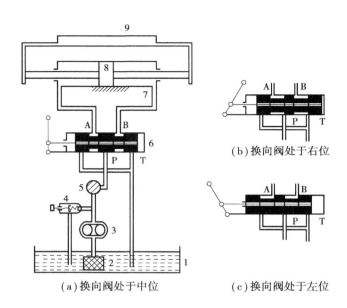

图 1-4 机床工作台液压系统工作原理图

1—油箱;2—过滤器;3—液压泵;4—溢流阀;5—节流阀;
6—换向阀;7—液压缸;8—活塞;9—工作台

工作台移动的速度通过节流阀 5 调节。当节流阀的阀口增大时,经由液压缸的油液流量增大,工作台的移动速度加快;关小节流阀,则工作台的移动速度将减小。

转动溢流阀 4 的调节螺钉,可调节弹簧的预紧力。弹簧的预紧力越大,密闭系统中的油压就越高,工作台移动时,能克服的最大负载就越大;预紧力越小,其能得到的最大工作油压力就越小,能克服的最大负载就越小。另外,一般情况下,泵输给系统的油量多于液压缸所需要的油量,多余的油液需通过溢流阀及时地排回油箱。因此,溢流阀 4 在该系统中起调压、溢流作用。

从此例可以看出,液压传动系统若能正常工作,必须由以下 5 部分组成:

①动力元件。将机械能转换成液体压力能的装置。常见的是液压泵,为系统提供压力油液。如图 1-3 中的小缸体 3,图 1-4 中的液压泵 3。

②执行元件。将流体的压力能转换成机械能输出的装置。其主要作用是在压力油的推动下输出力和速度或力矩和转矩。它可以是做直线运动的液压缸,也可以是作回转运动的液压马达、摆动缸,如图 1-3 中的大缸体 6,图 1-4 中的液压缸 7。

③控制元件。对系统中流体的压力、流量及流动方向进行控制和调节的装置,以及进行信号转换、逻辑运算和放大等功能的信号控制元件,这些元件的不同组合形成了不同功能的液压传动系统。如图 1-4 中的溢流阀 4、节流阀 5、换向阀 6。

④辅助元件。辅助元件是指油箱、蓄能器、油管、管接头、滤油器、压力表以及流量计等。这些元件分别起散热、蓄能、输油、连接、过滤、测量压力和测量流量等作用,以保证系统正常工作,是液压传动系统不可缺少的组成部分。如图 1-4 中的过滤器 2、油箱 1、管件。

⑤工作介质。用它进行能量和信号的传递。液压系统以液压油液作为工作介质。

三、液压传动的图形符号

图 1-3、图 1-4 所示的液压传动系统图是一种半结构式的工作原理图,具有主观性强、容易理解的特点,但绘制困难。为了便于阅读、分析、设计和绘制液压系统,在工程实际中,国内外都采用液压元件的图形符号来表示。按照规定,这些符号只表示元件的功能、操作方法及外部连接口,不表示元件的具体结构及参数、连接口的实际位置和元件的安装位置。《液压气动图形符号》(GB/T 786.1—1993)对液压气动元件的图形符号作了具体规定。图 1-5 即为用图形符号表达的图 1-4 的机床往复运动工作台的液压传动系统工作原理图。

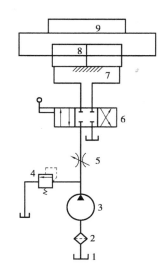

图 1-5　使用图形符号表示
的机床工作台液压系统原理图
1—油箱;2—过滤器;3—液压泵;
4—溢流阀;5—节流阀;6—换向阀;
7—液压缸;8—活塞;9—工作台

四、液压传动的特点

1. 液压传动的优点

与机械传动、电气传动相比液压传动有以下主要优点:

①液压传动传递的功率大,能输出大的力或力矩。在传递同等功率的情况下,液压传动装置的体积小、质量轻、结构紧凑。据统计,液压马达的质量只有同功率电动机质量的 10% ~ 20%。至于尺寸,相差更大,前者为后者的 12% ~ 13%。

②液压装置由于质量最轻、惯性小、工作平稳、换向冲击小,所以易实现快速启动、制动和高频率换向。对于回转运动每分钟可达 500 次,直线往复运动每分钟可达 400 ~ 1 000 次,这是其他传动方式无法比拟的。

③液压传动装置能在运动过程中实现无级调速,调速范围大(调速比可达 1∶2 000),速度调整容易,而且调速性能好。

④液压传动装置易实现过载保护,能实现自润滑,故使用寿命较长。

⑤液压传动装置调节简单,操纵方便,易于实现自动化,如与电气控制相配合,可方便地实现顺序动作和远程控制。

⑥液压元件已实现标准化、系列化和通用化,便于设计、制造和推广使用。

⑦液压装置比机械装置更容易实现直线运动。

2. 液压传动的缺点

①油液的泄漏和可压缩性使传动无法保证严格的传动比。

②液压传动能量损失大(机械摩擦损失、压力损失和泄漏损失等),因此传动效率低。

③液压传动对油温的变化比较敏感,油的黏度发生变化时,流量也会跟着改变,造成速度不稳定,因此不宜在温度变化较大的环境中工作。

④为了减少泄漏,液压元件在制造精度上的要求比较高,因此其造价较高。

⑤液压传动故障的原因较复杂,因此查找困难。

五、液压传动的应用

液压传动因为其显著的优点而得到了普遍的应用。液压传动在机械工业各部门的应用情况如表1-1所示。

表 1-1　液压传动在各类机械行业中的应用实例

行业名称	应用场所举例
机床工业	磨床、铣床、刨床、拉床、压力机、自动机床、组合机床、数控机床、加工中心等
工程机械	挖掘机、装载机、推土机、压路机、铲运机等
起重运输机械	汽车吊、港口龙门吊、叉车、装卸机械、皮带运输机等
矿山机械	凿岩机、开掘机、开采机、破碎机、提升机、液压支架等
建筑机械	打桩机、液压千斤顶、平地机等
农业机械	联合收割机、拖拉机、农具悬挂系统等
冶金机械	电炉炉顶及电极升降机、轧钢机、压力机等
轻工机械	打包机、注塑机、校直机、橡胶硫化机、造纸机等
汽车工业	自卸式汽车、平板车、高空作业车、汽车中的转向器、减振器等
船舶港口机械	起货机、锚机、舵机等
铸造机械	砂型压实机、加料机、压铸机等
智能机械	折臂式小汽车装卸器、数字式体育锻炼机、模拟驾驶舱、机器人等

◎ 计划、决策

①分成 3 ~ 5 人一组。

②操作液压挖掘机模型,完成大臂、小臂的伸缩,挖斗的收放动作,整体的旋转动作。

③观察各个部分的运动情况。

④分清各个不同的组成部分。

⑤描述各组成部分的功用。

⑥叙述液压传动的工作原理。

◎ 实施

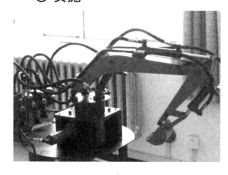

图 1-6　挖掘机模型

操作液压挖掘机模型,指出图1-6中各组成部分的名称及功用。

①液压泵:液压泵在电动机的带动下转动,输出压力油。把电动机输出的机械能转换成液体的压力能,为系统提供动力,是动力元件。

②执行元件:液压缸在高压油的推动下移动,可以对外输出推力,通过它把高压油的压力能释放出来,转换成机械能,是执行元件。

③控制元件:由换向阀、溢流阀和节流阀组成的操

作阀组,控制大臂、小臂、挖斗和挖掘机整体的运动方向、输出力和运动速度,是控制元件。

　　④辅助元件:用来储存液压油的油箱和连接各元件的油管,是液压系统中不可缺少的元件,是液压系统的辅助元件。

◎ 检查、评价

表 1-2　任务 1 检查评价表

考核内容		自　评	组长评价	教师评价
		达到标准画√,没达到标准画 ×		
作业完成	1. 按时完成任务	□	□	□
	2. 内容正确	□	□	□
	3. 字迹工整,整洁美观	□	□	□
操作过程	1. 启动液压泵	□	□	□
	2. 调整系统的工作压力范围	□	□	□
	3. 操作液压挖掘机模型	□	□	□
	4. 区分各组成部分	□	□	□
	5. 描述各组成部分的功用	□	□	□
	6. 描述液压传动的工作原理	□	□	□
工作态度	1. 不旷课	□	□	□
	2. 不迟到,不早退	□	□	□
	3. 学习积极性高	□	□	□
	4. 学习认真,虚心好学	□	□	□
职业操守	1. 安全、文明工作	□	□	□
	2. 具有良好的职业操守	□	□	□
团队合作	1. 服从组长的工作安排	□	□	□
	2. 按时完成组长分配的任务	□	□	□
	3. 热心帮助小组其他成员	□	□	□
项目完成	1. 操作完成正确	□	□	□
	2. 液压系统组成、工作原理叙述正确	□	□	□
项目报告	1. 报告书规范、排版好	□	□	□
	2. 结构完整,内容翔实	□	□	□
	3. 能将任务的设计过程及结果完整展现	□	□	□
评价等级				
项目最终评价(自评 20%,组评 30%,师评 50%)				

◎ 知识拓展

一、液压油

液压油是液压系统借以传递能量的工作介质。液压油的主要功用是传递能量,此外还兼有润滑、密封、冷却、防锈等功能,负担这些功能的液压油必须稳定,不能因使用条件的改变而改变性质。油液的性能会直接影响液压传动的性能,如工作的可靠性、灵敏性、工况的稳定性、系统的效率及零件的寿命等。因此,必须对工作介质有一定的基本认知。

1. 液压油的性质

(1)密度

单位体积液体所具有的质量即为该液体的密度。液体的密度会随着压力或温度的变化而发生变化:压力越大,密度就越大;温度越高,密度就越小。但因液体的密度随压力、温度的变化量很小,所以,一般在工程计算中忽略不计,可将其视为常量。在进行液压系统的相关计算时,通常取液压油的密度为 900 kg/m³。

(2)可压缩性

液体受压力作用而发生体积变化的性质称为液体的可压缩性。一般中、低压液压系统中,液体的可压缩性很小,可以认为液体是不可压缩的。而在压力变化很大的高压系统中,就需要考虑液体可压缩性的影响。当液体中混入空气时,可压缩性将显著增加,并将严重影响液压系统的工作性能,因而在液压系统中应使油液中的空气含量减少到最低限度。

(3)黏性

液体在外力作用下流动时,分子间的内聚力要阻止分子间的相对运动而产生一种内摩擦力,这一特性称为液体的黏性。液体只在流动时才呈现黏性,而静止液体不呈现黏性。液压油的黏性对减少间隙的泄漏,保证液压元件的密封性能都起着重要作用。

液体黏性的大小用黏度来表示。黏度是选择工作介质的首要因素。黏度过高,各部件运动阻力增加,温升快,泵的自吸能力下降,同时,管道压力降和功率损失增大。反之,黏度过低会增加系统的泄漏,并使液压油膜支承能力下降,从而导致摩擦副间产生摩擦。所以工作介质要有合适的黏度范围,同时在温度、压力变化下和剪切力作用下,油的黏度变化要小。

液压油黏度常用运动黏度,国际单位制的单位为 m²/s,工程单位制中使用的单位为斯(St),斯的单位太大,应用不便,常用斯的 1%,即厘斯(cSt)来表示,故

$$1 \text{ cSt} = 10^{-2} \text{ St} = 10^{-6} \text{ m}^2/\text{s}$$

国际标准化组织 ISO 规定统一采用运动黏度表示油液的黏度等级。我国的液压油以 40 ℃时运动黏度的平均值(单位为 mm²/s)为黏度等级符号,即牌号。例如,牌号为 L-HL22 的普通液压油,表示这种液压油在 40 ℃ 时运动黏度的平均值为 22 mm²/s(前 L 表示润滑剂类别,H 表示液压油,后 L 表示防锈抗氧化型)。

液压油黏度对温度的变化十分敏感,当温度升高时,其分子之间的内聚力减小,黏度就随之降低。油液黏度随温度变化而变化的特性称为油液的黏温特性,它直接影响液压系统的性能和泄漏量,因此油液的黏度随温度的变化越小越好。当液体所受的压力增加时,其分子间的距离将减小,于是内摩擦力将增加,即黏度也将随之增大,但由于一般在中、低压液压系统中压力变化很小,因而通常压力对黏度的影响可忽略不计。

除了上述主要性质以外,液压油还有一些其他的物理化学性质,如抗燃性、抗氧化性、抗泡沫性、抗乳化性、防锈性、润滑性、抗凝性以及相容性(对所接触的金属、密封材料、添加料等的作用程度)等,都对它的选择和使用有重要影响。这些性质需要在精炼的矿物油中加入各种添加剂来获得。

2. 对液压油的要求

液压油一般应满足的要求有:

①合适的黏度和良好的黏温特性;

②良好的润滑性;

③化学稳定性好;

④质地纯净,抗泡沫性好;

⑤闪点要高(130~150 ℃),凝固点要低(-10~-15 ℃);

⑥对人体无害,对环境污染小,成本低,价格便宜。

3. 液压油的种类

液压油的主要品种及其特性和用途见表1-3。液压油牌号以其代号和后面的数字表示,代号中 L 表示润滑剂类别,H 表示液压系统用的工作介质,数字表示液压油的黏度等级。

表1-3　液压油的主要品种及其特性和用途(GB 11118.1—1994)

分　类	名　称	ISO 代号	组成、特性和用途
矿油型	高黏度指数液压油	L-HR	HL 油加添加剂,改善其黏温特性,黏温特性优于 L-HV 油,适用于数控机床液压系统和伺服系统
	液压导轨油	L-HG	HM 油加添加剂,改善其黏滑特性;适用于液压及导轨为一个油路系统的精密机床,可使机床在低速下将振动或间断滑动(黏滑)减为最小
	其他液压油	—	加入多种添加剂;用于高品质的专用液压系统
乳化型	水包油乳化液	L-HFA	又称高水基液,特点是难燃、黏温特性好,使用温度为 5~50 ℃,有一定的防锈能力,黏度低,润滑性差,易泄漏,系统压力不宜高于 7 MPa。适用于有抗燃要求、用液量特别大、泄漏严重的液压系统
	油包水乳化液	L-HFB	其性能接近液压油,既具有矿油型液压的抗磨、防锈性能,又具有抗燃性,使用油温不得高于 65 ℃,适用于有抗燃要求的中压系统
合成型	水-乙二醇液	L-HFC	难燃,黏温特性和抗蚀性好,润滑性较差,能在 -18~65 ℃温度下使用,适用于有抗燃要求的中压系统
	磷酸酯传动液	L-HFDR	难燃,自燃点高,挥发性低,润滑抗磨性能和抗氧化性能良好,能在 -20~100 ℃温度范围内使用;缺点是有微毒。适用于有抗燃要求的高温、高压精密液压系统

目前90%以上的液压设备采用矿物型液压油,其基油为精制的石油润滑油馏分。为了改善液压油液的性能,以满足液压设备的不同要求,往往在基油中加入各种添加剂。添加剂有两类:一类是改善油液化学性能的,如抗氧化剂、防腐剂、防锈剂等;另一类是改善油液物理性

能的,如增黏剂、抗磨剂、防爬剂等。

二、液体静力学

液体静力学是研究液体处于相对平衡状态下的力学规律和对这些规律的实际应用。这里所说的相对平衡是指液体内部质点与质点之间没有相对位移。至于液体整体,可以是处于静止状态,也可以如刚体似的随同容器做各种运动。在相对平衡的状态下,外力作用于静止液体内的力是法向的压应力,称为静压力。

(1)压力的概念

静止液体在单位面积上所受的法向力称为静压力。静压力在液体传动中简称压力,在物理学中称为压强,压力通常用 p 表示。

若在液体的面积 A 上受均匀分布的作用力 F,则压力可表示为

$$p = \frac{F}{A} \tag{1-1}$$

压力的国标单位为 N/m^2,即 Pa(帕);工程上常用 MPa(兆帕)、bar(巴)、kgf/cm^2,它们的换算关系为

$$1 \text{ MPa} = 10^6 \text{ Pa} = 10 \text{ bar} = 10.2 \text{ kgf/cm}^2$$

静压力具有下述两个重要特征:

①液体静压力垂直于作用面,其方向与该面的内法线方向一致。

②静止液体中,任何一点所受到的各方向的静压力都相等。

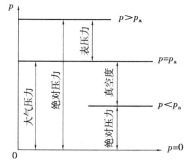

图1-7 绝对压力、相对压力和真空度的关系

(2)压力的表示方法

根据度量标准的不同,液体压力分绝对压力和相对压力。若以绝对真空为基准来度量的液体压力,称为绝对压力,若绝对压力小于大气压力,则相对压力为负值,比大气压力小的那部分称为真空度。若以大气压力为基准来度量的液体压力,称为相对压力,相对压力也称表压力。它们与大气压力的关系为

绝对压力 = 相对压力 + 大气压力

图1-7清楚地给出了绝对压力、相对压力和真空度三者之间的关系。

三、液体动力学

1.液体动力学基本概念

(1)理想液体

液体具有黏性,并在流动时表现出来,因此研究流体动液体时就要考虑其黏性,而液体的黏性阻力是一个很复杂的问题,这就使对流动液体的研究变得复杂,因此引入理想液体的概念。理想液体就是指没有黏性、不可压缩的液体。我们首先对理想液体进行研究,然后再通过实验验证的方法对所得的结论进行补充和修正,这样,不仅使问题简单化,而且得到的结论在实际应用中仍具有足够的精确性。

（2）恒定流动

液体流动时，如液体中任何一点的压力、速度和密度都不随时间而变化，便称液体是在作恒定流动；反之，只要压力、速度或密度中有一个参数随时间变化，则称液体的流动为非恒定流动。一般在研究液压系统静态性能时，认为液体作恒定流动。

（3）流速与流量

油液在管道中流动时，与其流动方向垂直的截面称为过流断面（或通流截面）。液压传动是靠流动着的有压油液来传递动力，油液在油管或液压缸内流动的快慢称为流速。因为液体有黏度，流动的液体在油管或液压缸截面上的每一点的速度并不完全相等，因此通常说的流速都是平均值。流速用 v 表示，其单位为 m/s。

单位时间内流过某通流截面的液体的体积称为流量，用 q 表示，其单位为 m³/s。

2. 连续性方程

质量守恒是自然界的客观规律，不可压缩液体的流动过程也遵守质量守恒定律。液体的连续性方程是这个规律在流体力学中的数学表达形式。如图 1-8 所示，理想液体在管道中作恒定流动，任取 1,2 两个通流截面，其通流面积分别为 A_1 和 A_2，两截面的平均流速分别为 v_1 和 v_2，液体的密度分别为 ρ_1 和 ρ_2，

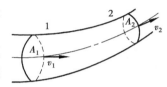

图 1-8　液体的连续性原理

根据质量守恒定律，在单位时间内流过两个截面的液体质量相等，即

$$\rho_1 v_1 A_1 = \rho_2 v_2 A_2$$

对于理想液体，$\rho_1 = \rho_2$，则

$$v_1 A_1 = v_2 A_2$$

因两截面是任选的，故上式可写成

$$q = vA = 常数 \tag{1-2}$$

液流连续性方程表明，液体在管道中流动时，流过各个截面的流量是相等的，因而流速和通流截面的面积成反比。

3. 伯努利方程

伯努利方程也称能量方程，它是能量守恒定律在流体力学中的表达形式。为了理论研究的方便，把液体看做理想液体，然后再对实际液体进行修正，得出实际液体的能量方程。

（1）理想液体的伯努利方程

如图 1-9 所示，设液体质量为 m，体积为 V，密度为 ρ。按流体力学和物理学可知，在截面 1,2 处的能量分别如下：

①截面 1 处体积为 V 的液体的压力能为 $p_1 V$，动能为 $\frac{1}{2}mv_1^2$，位能为 mgh_1；

②截面 2 处体积为 V 的液体的压力能为 $p_2 V$，动能为 $\frac{1}{2}mv_2^2$，位能为 mgh_2。

根据能量守恒定律，液体在截面 1 处的能量总和等于在截面 2 处的能量总和，即

$$p_1 V + \frac{1}{2}mv_1^2 + mgh_1 = p_2 V + \frac{1}{2}mv_2^2 + mgh_2$$

则单位体积的液体所具有的能量为

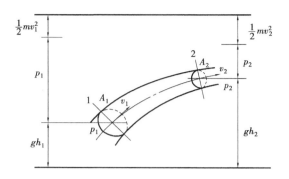

图 1-9 伯努利方程示意图

1,2—通流截面;A_1,A_2—截面面积;v_1,v_2—液体平均流速;p_1,p_2—液体压力

$$p_1 + \frac{1}{2}\rho v_1^2 + \rho g h_1 = p_2 + \frac{1}{2}\rho v_2^2 + \rho g h_2 \tag{1-3}$$

式(1-3)即为理想液体的伯努利方程,它的物理意义为:在密封管道内做定常流动的理想液体在任意一个通流断面上具有 3 种形成的能量,即压力能、势能和动能。3 种能量的总和是一个恒定的常量,而且 3 种能量之间是可以相互转换的,即在不同的通流断面上,同一种能量的值会是不同的,但各断面上的总能量值都是相同的。

(2)实际液体流动时的伯努利方程

实际液体因为有黏性,其在管道内流动时会产生内摩擦力,消耗能量。同时管道形状和尺寸有变化也会使液体产生扰动,造成能量损失。因此,实际液体流动时有能量损失存在,实际液体在流动时的伯努利方程式就为

$$p_1 + \frac{1}{2}\rho v_1^2 + \rho g h_1 = p_2 + \frac{1}{2}\rho v_2^2 + \rho g h_2 + \Delta p \tag{1-4}$$

式中 Δp——从通流截面 1 流到截面 2 过程中的压力损失。

在液压系统中,油管的高度 h 一般不超过 10 m,管内油液的平均流速也较低(一般不超过 7 m/s),因此油液的位能和动能相对于压力能来说是微不足道的。

4. 动量方程

动量方程是动量定理在流体力学中的具体应用。在液压传动中,经常需要计算液流作用在固体壁面上的力,这个问题用动量定律来解决比较方便。动量定理指出:作用在物体上的合外力的大小等于物体在力的作用方向上的动量的变化率,即

$$\sum F = \frac{\mathrm{d}(mu)}{\mathrm{d}t} \tag{1-5}$$

将此定律应用于图 1-8 所示作恒定流动的液体,得

$$\sum F = \rho q(\beta_2 v_2 - \beta_1 v_1) \tag{1-6}$$

式中 ρ——流动液体的密度;

  q——液体的流量;

  v_1,v_2——液流流经截面 1 和截面 2 的平均流速;

  β_1,β_2——相应截面的动量修正系数,对圆管来说,工程上常取 $\beta = 1.00 \sim 1.33$,层流
  (液体质点互不干扰,液体的流动呈线性或层状,且平行于管道轴线,这种状

态叫做层流)时,$\beta = 1.33$,紊流时(液体质点的运动杂乱无章,除了平行于管道轴线的运动外,还存在着剧烈的横向运动,这种状态叫做紊流),$\beta = 1$。

四、管道内的压力损失

由于黏性,液体在流动时存在阻力,为了克服阻力就要消耗一部分能量,从而产生能量损失。在液压传动中,能量损失主要表现为压力损失。液压系统中的压力损失分为两类:一类是油液沿等直径直管流动时所产生的压力损失,称为沿程压力损失。这类压力损失是由液体流动时的内、外摩擦力所引起的。另一类是油液流经局部障碍(如弯头、接头、管道截面突然扩大或收缩)时,由于液流的方向和速度的突然变化,在局部形成旋涡引起油液质点间以及质点与固体壁面间相互碰撞和剧烈摩擦而产生的压力损失,称为局部压力损失。压力损失过大也就是液压系统中功率损耗的增加,这将导致油液发热加剧、泄漏量增加、效率下降和液压系统性能变坏。

五、流量损失

在液压系统正常工作情况下,从液压元件的密封间隙漏过少量油液的现象称为泄漏。由于液压元件必然存在着一些间隙,当间隙的两端有压力差时,就会有油液从这些间隙中流过。所以,液压系统中泄漏现象总是存在的。

液压系统的泄漏包括内泄漏和外泄漏两种。液压元件内部高、低压腔间的泄漏称为内泄漏;液压系统内部的油液漏到系统外部的泄漏称为外泄漏。

液压系统的泄漏必然引起流量损失,使液压泵输出的流量不能全部流入液压缸等执行元件。

六、气穴现象

流动的液体,如果压力低于其空气分离压时,原先溶解在液体中的空气就会分离出来,从而导致液体中充满大量的气泡,这种现象称为空穴现象,又称为气穴现象。

1. 空穴现象产生的原因及危害

空穴多发生在阀口和液压泵的吸油口处。在阀口处,一般由于通流截面较小,使液流的速度增大,根据伯努利方程,该处的压力会大大降低,以致产生气穴。在液压泵的吸油过程中,如果泵的安装高度过大,吸油口处过滤器的阻力和管路阻力太大,油液黏度过高或泵的转速过快,造成泵入口处的真空度过大,亦会产生气穴现象。

当液压系统中出现气穴现象时,大量的气泡破坏了液流的连续性,造成流量和压力的脉动,当带有气泡的液流进入高压区时,周围的高压会使气泡迅速破灭,使局部产生非常高的温度和冲击压力,引起震动和噪声。当附着在金属表面上的气泡破灭时,局部产生的高温和高压会使金属表面疲劳,时间长了就会造成金属表面的剥蚀。这种由于气穴造成的对金属表面的腐蚀作用称为气蚀,气蚀会使液压元件的工作性能变坏,并大大缩短液压元件的使用寿命。

2. 减少空穴现象的措施

①减小孔口或缝隙前后的压力降,一般建议相应的压力比小于3.5;

②降低液压泵的吸油高度,适当加大吸油管直径,对于自吸能力差的液压泵,要安装辅助泵供油;

③管路要有良好的密封性,防止空气进入;

④采用抗腐蚀能力强的金属材料,降低零件表面的粗糙度。

七、液压冲击

在液压系统中,由于某种原因,液体压力在一瞬间会突然升高,产生很高的压力峰值,这种现象称为液压冲击。

液压冲击产生的原因很多:发生在液流突然停止运动的时候,高速运动的工作部件突然制动或换向时,因工作部件的惯性也会引起液压的冲击;由于液压系统中某些元件反应动作不够灵敏,也会引起液压冲击。液压冲击时产生的压力峰值往往比正常工作压力高好几倍,这种瞬间压力冲击不仅引起震动和噪声,使液压系统产生温升,有时还会损坏密封装置、管路和液压元件,并使某些液压元件(如顺序阀、压力继电器等)产生错误动作,造成设备损坏。

减少液压冲击的措施如下:

①延长阀门开、闭和运动部件制动换向的时间,可采用换向时间可调的换向阀;

②限制管路流速及运动部件的速度,一般将管路流速控制在 4.5 m/s 以内;

③正确设计阀门或设置缓冲装置,使运动部件制动时速度变化比较均匀;

④适当增大管径,不仅可以降低流速,而且可以减小压力传播速度;

⑤尽量缩短管道长度,可以减小压力波的传播时间。

任务 2　液压机动力元件的拆装

◎ **任务说明**

图 1-10 所示为液压压力机,它是利用液压传动进行工作的,该液压系统的动力元件是 CY14-1B 轴向柱塞泵,请完成该轴向柱塞泵的拆装。

◎ **任务要求**

- 熟悉液压泵的结构,进一步掌握其工作原理。
- 学会使用各种工具正确拆装常用液压泵,培养实际动手能力。
- 初步掌握液压泵的安装技术要求和使用条件。
- 在拆装的同时,分析和了解常用液压泵容易出现的故障及其排除方法。

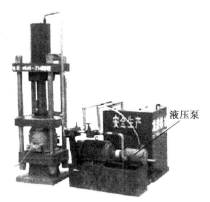

图 1-10　液压压力机

◎ **资讯**

一、容积式液压泵的工作原理

图 1-11 所示为容积式液压泵的工作原理。电动机带动凸轮 1 旋转时,柱塞 2 在凸轮和弹簧 3 的作用下,在缸体的柱塞孔内左、右往复移动,缸体与柱塞 2 之间构成了容积可变的密封工作腔 4,柱塞 2 向右移动时,工作容积变大,形成局部真空,油箱中的油便在大气压作用下通

过单向阀 5 流入泵体内,单向阀 6 关闭,防止系统油液回流,这时液压泵吸油。柱塞向左移动时,工作腔容积变小,油液受挤压,便经单向阀 6 压入系统,单向阀 5 关闭,避免油液流回油箱,这时液压泵压油。若凸轮不停地旋转,泵就不断地吸油和泵油。

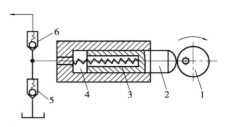

图 1-11 液压泵工作原理图
1—凸轮;2—柱塞;3—弹簧;
4—密封工作腔;5,6—单向阀

根据工作腔的容积变化而进行吸油和压油是液压泵的共同特点,因而这种泵又称容积泵。液压泵正常工作必备的条件如下:

①有周期性变化的密封容积。密封容积由小变大时吸油,由大变小时压油。

②一般需有配油装置。配油装置的作用是保证密封容积在吸油过程中与油箱相通,同时关闭供油通路;压油时与供油管路相通而与油箱切断。图 1-11 中的单向阀 5 和单向阀 6 就是配油装置,配油装置的形式随着泵的结构差异而不同,它是液压泵工作必不可少的部分。

③吸油过程中,油箱必须和大气相通。这是吸油的必要条件。

二、液压泵的主要性能参数

1. 液压泵的压力

(1)工作压力 p

液压泵的工作压力是指泵在工作时输出油液的实际压力,其大小由工作负载决定:当负载增加时,液压泵的压力升高;当负载减少时,液压泵压力下降。

(2)额定压力 p_n

液压泵额定压力是指泵在正常工作条件下,连续运转时所允许的最高压力。液压泵的额定压力受泵本身的泄漏和结构强度所制约,它反映了泵的能力,一般泵铭牌上所标的就是额定压力。超过这个压力值,液压泵有可能发生机械或密封方面的损坏。

由于液压传动的用途不同,系统所需要的压力也不相等,液压泵的压力分为 5 个等级,如表 1-4 所示。

表 1-4 压力分级

压力等级	低 压	中 压	中高压	高 压	超高压
压力/MPa	≤2.5	>2.5~8	>8~16	>16~32	>32

2. 液压泵的排量

排量 V 是指在无泄漏情况下,液压泵转一转所能排出的油液体积。可见,排量的大小只与液压泵中密封工作容腔的几何尺寸和个数有关。

根据泵的排量是否可调,泵可分为变量泵和定量泵。

3. 液压泵的流量

(1)理论流量 q_t

液压泵的理论流量是指在不考虑泄漏的情况下,液压泵单位时间内输出的油液体积,其值等于泵的排量 V 和泵轴转数 n 的乘积,即

$$q_t = Vn \tag{1-7}$$

（2）实际流量 q

液压泵的实际流量是指单位时间内液压泵实际输出的油液体积。由于工作过程中泵的出口压力不等于零,因而存在内部泄漏量 Δq（泵的工作压力越高,泄漏量越大）,使泵的实际流量小于泵的理论流量,即

$$q = q_t - \Delta q \tag{1-8}$$

（3）额定流量 q_n

额定流量是指泵在正常工作条件下,按试验标准规定（如在额定压力和额定转速下）必须保证的流量。

4. 液压泵的功率

（1）输入功率 P_i

输入功率是驱动液压泵的机械功率,由电动机或柴油机给出:

$$P_i = T_i 2\pi n \tag{1-9}$$

式中　T_i——泵轴上的实际输入转矩;

　　　n——泵轴的转速。

（2）泵的输出功率 P_o

液压泵的实际输出功率为泵的实际工作压力 p 和实际供油流量 q 的乘积,即

$$P_o = pq \tag{1-10}$$

5. 液压泵的效率

（1）容积效率 η_v

在转速一定的条件下,液压泵的实际流量与理论流量之比为泵的容积效率,即

$$\eta_v = \frac{q}{q_t} \tag{1-11}$$

（2）机械效率 η_m

机械损失是指因机械运动副之间的摩擦而产生的转矩损失。对于液压泵来说,泵的实际转矩总是大于理论上需要的转矩,所以,机械效率为理论转矩（T_t）与实际转矩（T）之比,即

$$\eta_m = \frac{T_t}{T} \tag{1-12}$$

（3）总效率 η

泵的实际输出功率 P_o 与驱动泵的输入功率 P_i 之比即为总效率,它也等于容积效率和机械效率之乘积,即

$$\eta = \frac{P_o}{P_i} = \eta_v \cdot \eta_m \tag{1-13}$$

三、液压泵的分类

液压泵的种类很多,按流量是否能调节可分为变量泵和定量泵,输出流量可以根据需要来调节的称为变量泵,输出流量不能调节的称为定量泵;液压泵按液流方向能否改变可分为单向泵和双向泵等;按结构形式不同可分为齿轮泵、叶片泵和柱塞泵等。每一类泵还可细分为多种类型。液压泵的图形符号如图 1-12 所示。

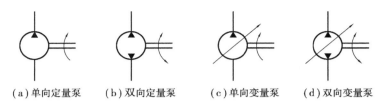

（a）单向定量泵　　（b）双向定量泵　　（c）单向变量泵　　（d）双向变量泵

图 1-12　液压泵的图形符号

四、齿轮泵

齿轮泵是一种常用的液压泵,它一般做成定量泵。按结构不同,齿轮泵分为外啮合齿轮泵和内啮合齿轮泵,其中外啮合齿轮泵应用广泛,而内啮合齿轮泵则多为辅助泵。

1. 外啮合齿轮泵的工作原理

图 1-13 为外啮合齿轮泵的工作原理图,泵的最主要结构为装在泵壳体内的一对齿轮,齿轮两侧有端盖进行封闭,由泵的壳体、端盖和齿轮的各个齿间组成了一个个相互密封的独立工作腔。当齿轮按图示方向不断旋转时,这些密封工作腔在左边的吸油腔内充满了油液,并随着齿轮的高速转动把油液沿齿轮的外缘带入左边的高压油腔。在齿的啮合区,随着两齿轮牙齿的相互啮合作用,把两齿间的油液强行挤出,就使压油腔的油液压力不断升高,而在右侧的吸油腔,由于油液不断地被带走,形成了局部的真空负压,则把进油管的油液不断地吸入油腔,形成了泵的吸油。两齿轮连续回转,泵就不断地从油箱内吸油,并将油液压向液压系统。这就是齿轮泵的基本工作原理。

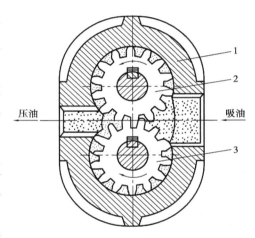

图 1-13　外啮合齿轮泵
1—壳体;2—主动齿轮;3—从动齿轮

两齿轮在啮合区内轮齿的啮合挤压,形成了左右两个油腔相互间的隔离和密封,从而保证了吸油腔始终与油箱接通,而与压油腔隔离,起到了配流的作用,满足了泵的第二个基本条件,油泵齿轮的不断回转,形成了左右两个腔体内容积的不断变化。压油腔在不断地挤压密封空间,而吸油腔中各个密封空间在不断地向压油腔转移,则不断地形成局部的真空负压,所以齿轮的回转形成了密封容积的周期变化,从而形成了容积泵的第一个基本条件。

2. 内啮合齿轮泵

内啮合齿轮泵有渐开线齿形和摆线齿形两种,其工作原理如图 1-14 所示。

如图 1-14(a)所示,在渐开线齿形内啮合齿轮泵中,当小齿轮按图示方向旋转时,轮齿退出啮合时容积增大而吸油,进入啮合时容积减小而压油。主动小齿轮 1 和从动外齿圈 2 之间要装一块月牙隔板 5,以便把吸油腔 3 和压油腔 4 隔开。

如图 1-14(b)所示的摆线齿形内啮合泵又称摆线转子泵,由于小齿轮和内齿轮相差一齿,因而不需设置隔板。当在图上的最高位置时,小齿轮的齿顶紧紧顶在内齿轮的齿槽底部;当在图上的最低位置时,小齿轮的齿顶与内齿轮的齿顶紧密吻合。图中纵轴上的小齿轮轮齿与内齿轮轮齿相啮合,将泵体内的吸油腔与压油腔隔开,起配流装置的作用。

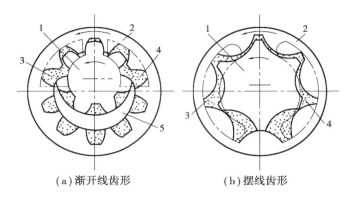

(a)渐开线齿形　　　　　　(b)摆线齿形

图 1-14　内啮合齿轮泵

1—主动小齿轮;2—从动外齿圈;3—吸油腔;4—压油腔;5—隔板

3.齿轮泵的泄漏

在液压泵中,运动件间的密封是靠微小间隙密封的,这些微小间隙从运动学上形成摩擦副,同时,高压腔的油液通过间隙向低压腔的泄漏是不可避免的。齿轮泵压油腔的压力油可通过 3 条途径泄漏到吸油腔去:一是通过齿轮啮合线处的间隙——齿侧间隙;二是通过泵体定子环内孔和齿顶间的径向间隙——齿顶间隙;三是通过齿轮两端面和侧板间的间隙——端面间隙。在这 3 类间隙中,端面间隙的泄漏量最大,压力越高,由间隙泄漏的液压油就越多。

为了提高齿轮泵的压力和容积效率,实现齿轮泵的高压化,需要从结构上采取措施,对端面间隙进行自动补偿。通常采用的自动补偿端面间隙装置有浮动轴套式和弹性侧板式两种,其原理都是引入压力油,使轴套或侧板紧贴在齿轮端面上,压力越大,间隙越小,可自动补偿端面磨损和减小间隙。

4.齿轮泵的应用特点

一般外啮合齿轮泵具有结构简单、制造方便、质量轻、自吸性能好、价格低廉、对油液污染不敏感等特点;但由于径向力不平衡及泄漏的影响,一般使用的工作压力较低,另外其流量脉动较大,噪声也大,因而常用于负载小、功率小的机床设备及机床辅助装置,如送料、夹紧等不重要的场合,在工作环境较差的工程机械上也应用广泛。

与外啮合齿轮泵相比,内啮合齿轮泵结构紧凑、质量轻、运转平稳、噪声低、无困油现象,且流量脉动小,在高转速工作时容积效率高。但是在低速、高压下工作时,压力脉动大,容积效率低,也不适合在高压场合工作,且内啮合齿轮泵齿形复杂,加工困难,价格较贵。

五、叶片泵的工作原理

叶片泵按其排量是否可变分为定量叶片泵和变量叶片泵。叶片泵按吸、压油液次数又分为双作用叶片泵和单作用叶片泵。

1.双作用叶片泵工作原理

双作用叶片泵的基本工作原理如图 1-15 所示,它是由定子 1、转子 2、叶片 3 和配油盘(图中未画出)等组成。双作用叶片泵的转子轴线与定子的几何中心保持同轴,定子的内表面曲线由两段长半径 R、两段短半径 r 和 4 段过渡曲线组成,形成了大致呈椭圆形的内腔型面,以便形成密封容积的变化;转子的径向槽内装有可以沿着槽做径向滑动的叶片,借助于叶片的重力,当转子在驱动轴的带动下高速回转工作时,叶片在离心力和根部压力油的作用下,沿转子槽做径向移动而压向定子内表面,这样,由两片相邻的叶片和定子的内表面、转子的外表面和两侧配油盘就形成了一个个独立的密封空间。当转子按图示方向旋转时,处在小圆弧上的密封空间经过渡曲线而运动到大圆弧的过程中,由于定子曲线变化,使密闭空间的容积不断增大,而此时的密封容积正处于吸油腔的区域范围,要吸入油液;再向前运动,密封空间从大圆弧经过渡曲线运动到小圆

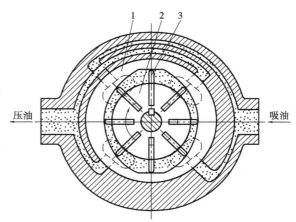

图 1-15　双作用叶片泵工作原理
1—定子;2—转子;3—叶片

弧的过程中,叶片被定子内壁逐渐压进槽内,密封空间容积变小,将油液从压油口压出,完成了吸油和压油的泵油过程,而同样的动作在转子的上下两侧同时发生。这种叶片泵具有对称的两个吸油腔和两个压油腔,因而,在转子每转一周的过程中,一个密封空间要完成两次吸油和压油,所以称为双作用叶片泵。双作用叶片泵采用了两侧对称的吸油腔和压油腔结构,所以作用在转子上的径向压力是相互平衡的,不会给高速转动的转子造成径向的偏载。因此,双作用叶片泵又称为卸荷式叶片泵。为了使径向力完全平衡,密封空间数(即叶片数)应当保持双数,而且定子曲线要对称。

2. 单作用叶片泵的工作原理

如图 1-16 所示,单作用叶片泵由转子 2、定子 1、叶片 3 和配油盘 4 等组成。在配流盘上

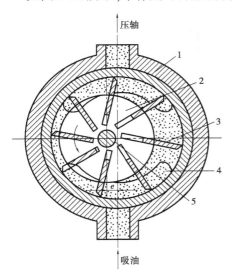

图 1-16　单作用叶片泵工作原理
1—定子;2—转子;3—叶片;
4—配油盘;5—轴

开有吸油和压油窗口,分别与泵的吸、压油口连通。定子具有圆柱形内表面,定子和转子间有偏心距 e。叶片装在转子的叶片槽中,并可在槽内滑动,当转子回转时,由于离心力的作用,使叶片紧靠在定子内壁,这样在定子、转子、叶片和两侧配油盘间就形成若干个密封空间。当转子按图 1-16 所示的方向回转时,在图的下部,叶片逐渐伸出叶片槽,叶片间的密封容积逐渐增大,经配油盘的吸油窗从吸油口吸油;在图的上部,叶片被定子内壁逐渐压进叶片槽内,密封容积逐渐减小,将油液经配油盘的压油窗从压油口压出。吸油窗口对应的区域为吸油腔,压油窗口对应的区域为压油腔,吸油窗口和压油窗口之间的区域为封油区,它把吸油腔和压油腔隔开。这种叶片泵转子每转一周,每个密封空间完成一次吸油和压油,因此称为单作用叶片泵。转子不停地旋转,泵就不断地吸油和排油。泵只有一个吸油区和一个压油区,因而作用在

转子上的径向液压力不平衡,所以又称为非平衡式叶片泵。由于转子与定子偏心距 e 和偏心方向可调,所以单作用叶片泵可作双向变量泵使用。

3. 限压式变量叶片泵的工作原理

图 1-17(a)所示为限压式变量叶片泵的工作原理图。转子的中心 O_1 是固定的,定子 2 可以左右移动。在限压弹簧 3 的作用下,定子被推向右端,使定子中心 O_2 和转子中心 O_1 之间有一初始偏心量 e_0,它决定了泵的最大流量。e_0 的大小可用螺钉 6 调节。泵的出口压力为 p,经泵体内通道作用于有效面积为 A 的柱塞 5 上,使柱塞对定子 2 产生一作用力 pA。泵的限定压力 p_B 可通过调节螺钉 4,改变弹簧 3 的压缩量来获得。设弹簧 3 的预紧力为 F_s,当泵的工作压力小于限定压力 p_B 时,$pA < F_s$,此时定子不作移动,最大偏心量 e_0 保持不变,泵输出流量基本上维持最大;当泵的工作压力升高而大于限定压力 p_B 时,$pA \geq F_s$,定子左移,偏心量减小,泵的流量也减小。泵的工作压力愈高,偏心量就愈小,泵的流量也就愈小;当泵的压力达到极限压力 p_C 时,偏心量接近零,泵不再有流量输出。

图 1-17(b)所示为限压式变量叶片泵的特性曲线。图中曲线 AB 段,泵的工作压力小于限定压力 p_B,实际偏心距 e 就是最大偏心距 e_0,泵输出流量最大,稍有下降是由泵的内部流量泄漏引起的;BC 段是泵的变量段,B 点称为曲线的拐点。此时,泵的工作压力大于限定压力 p_B,输出流量随着工作压力升高而逐渐减小,在 C 点,泵的工作压力达到极限压力 $p_C = p_{\max}$,偏心量 e 为零,泵没有输出流量。

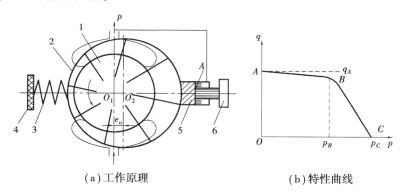

(a)工作原理　　　　　　　　(b)特性曲线

图 1-17　限压式变量叶片泵的工作原理及特性曲线

1—转子;2—定子;3—弹簧;4,6—调节螺钉;5—反馈缸柱塞

4. 叶片泵的应用特点

叶片泵具有结构紧凑、体积小、流量脉动小、工作平稳、噪声较小、寿命较长、容积效率较高等优点。双作用叶片泵不仅作用在转子上的径向力平衡,且运转平稳、输油量均匀;单作用式叶片泵易于实现流量调节,常用于快慢速运动的液压系统,可降低功率损耗,减少油液发热,简化油路,节省液压元件。但叶片泵的结构较复杂,吸油特性差,对油液的污染较敏感。

叶片泵广泛应用于完成各种中等负荷的工作。由于它流量脉动小,故在金属切削机床液压传动中,尤其是在各种需调速的系统中,更有其优越性。

六、柱塞泵

柱塞泵按柱塞相对于驱动轴位置的排列方向的不同,可分为径向柱塞泵和轴向柱塞泵两大类。

1. 径向柱塞泵的工作原理

径向柱塞泵的工作原理如图 1-18 所示,柱塞 1 径向排列装在缸体 2 中,缸体由原动机带动连同柱塞 1 一起旋转,所以缸体 2 一般称为转子。柱塞 1 在离心力(或压力油)的作用下抵紧定子 4 的内壁,当转子按图示方向回转时,由于定子和转子之间有偏心距 e,柱塞绕经上半周时要向外伸出,则柱塞底部的容积会逐渐增大,形成部分真空,因此便经过衬套 3(衬套 3 压紧在转子内,并和转子一起回转)上的油孔从配油轴 5 和吸油口 b 吸油;当柱塞转到下半周时,定子内壁将柱塞向里推,柱塞底部的容积逐渐减小,向配油轴的压油口 c 压油,当转子回转一周时,每个柱塞底部的密封容积完成一次吸压油,转子连续运转,即完成压吸油工作。配油轴 5 是固定不动的,油液从配油轴上半部的两个进油孔 a 流入,从下半部的两个压油孔 d 压出。为了实现配油,配油轴在与衬套 3 接触的部位开有两个缺口,从而形成吸油口 b 和压油口 c,而留下的部分则形成封油区。封油区的宽度能封住衬套上的吸压油孔,以防吸油口和压油口相连通。径向柱塞泵的输出流量受偏心距 e 大小的控制,若偏心距 e 做成可调的(一般是使定子作水平移动,以调节偏心距),泵就成为变量泵,偏心的方向改变,进油口和压油口也随之互相交换,就形成了双向变量泵。径向柱塞泵的柱塞是沿转子的径向分布的,所以泵的外形结构尺寸大,且由于配油结构较复杂,自吸能力较差,配油轴的径向作用力不平衡,易单向弯曲并加剧磨损,因此限制了径向柱塞泵的转速和压力的提高。目前径向柱塞泵的应用较少。

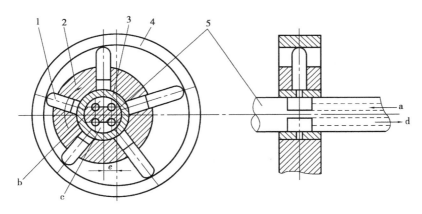

图 1-18　径向柱塞泵的工作原理
1—柱塞;2—缸体;3—衬套;4—定子;5—配油轴;
a—进油孔;b—吸油口;c—压油口;d—压油孔

2. 轴向柱塞泵

轴向柱塞泵是将多个柱塞配置在一个转子(缸体)的圆周上,并使柱塞轴线与转子轴线相互平行的一种泵。它避免了由于柱塞径向分布所带来的泵的径向尺寸大的缺点,并且其配流结构简单,没有径向力不平衡的问题,所允许的压力和转速都较高,所以得到了较广泛的应用。

为了构成柱塞的往复运动条件,轴向柱塞泵都具有倾斜结构,所以,轴向柱塞泵根据其倾斜结构的不同分为斜盘式(直轴式)和斜轴式(摆缸式)两种形式。图 1-19 所示为斜盘式轴向柱塞泵的工作原理,这种泵主体由缸体 1、配油盘 2、柱塞 3 和斜盘 4 组成。几个柱塞沿圆周均匀分布在缸体内。斜盘轴线与缸体轴线倾斜一角度,柱塞靠机械装置或在低压油(图中为弹簧6)作用下压紧在斜盘上,配油盘2和斜盘4固定不转,当原动机通过传动轴使缸体转动时,由于斜盘的作用,迫使柱塞在缸体内做往复运动,并通过配油盘的配油窗口进行吸油和压油。如图1-19所示,当柱塞运动到下半圆范围($\pi \sim 2\pi$)内时,柱塞将逐渐向缸套外伸出,柱塞底部的密封工作容积将增大,通过配油盘的吸油窗口进行吸油;而在$0 \sim \pi$范围内时,柱塞被斜盘推入缸体,使密封容积逐渐减小,通过配油盘的压油窗口压油。缸体每转一周,每个柱塞各完成吸油、压油一次。

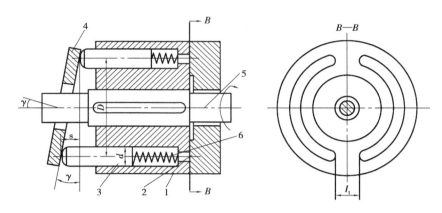

图 1-19 轴向柱塞泵的工作原理
1—缸体;2—配油盘;3—柱塞;4—斜盘;5—传动轴;6—弹簧

改变斜盘倾角,就能改变柱塞行程的长度,即改变液压泵的排量;改变斜盘倾角的方向,就能改变吸油和压油的方向,从而使泵成为双向变量泵。

3. 柱塞泵应用特点

柱塞泵是靠柱塞在缸体中做往复直线运动造成密封容积的变化来实现吸油与压油的液压泵,与齿轮泵和叶片泵相比,这种泵有许多优点:第一,构成密封容积的零件为圆柱形柱塞和缸体,加工方便,可得到较高的配合精度,密封性能好,泵的内泄漏很小,在高压条件下工作具有较高的容积效率,柱塞泵所容许的工作压力高,这是柱塞泵的最大特点;第二,只需改变柱塞的工作行程就能改变流量,易于实现变量;第三,柱塞泵中的主要零件均受压应力作用,材料强度能力可得到充分利用。由于柱塞泵的结构紧凑,工作压力高,效率高,流量调节方便,故在需要高压、大流量、大功率的系统中和流量需要调节的场合,如龙门刨床、拉床、液压机、工程机械、矿山冶金机械、船舶等设备中得到应用。

◎ 计划、决策

1. 拆装实物、工具

①实物:轴向柱塞泵。

②工具:内六角扳手一套、耐油橡胶板一块、油盆一个,钳工常用工具一套。

2. 拆装方案

①确定拆卸顺序;

②观察主要零件的结构及作用;

③确定装配要领。

◎ **实施**

1. 认识分解主体图

如图 1-20 所示为 CY14-1B 型泵的主体部分分解立体图。

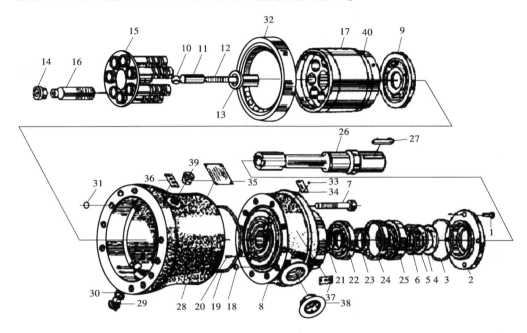

图 1-20　CY14-1B 型泵主体部分分解立体图

1—端盖螺栓;2—端盖;3、19、30、31—密封圈;4、5、6—组合密封圈;7—联接螺栓;8—外壳体;9—配油盘;
10—钢球;11—中心内套;12—中心弹簧;13—中心外套;14—滑靴;15—回程盘;16—柱塞;17—缸体外
镶钢套;18—小密封圈;20—配油盘定位销钉;21—轴用挡圈;22、25—轴承;23—内隔圈;24—外隔圈;
26—传动轴;27—键;28—中壳体;29—放油塞;32—滚柱轴承;33—铝铆钉;34—旋向牌;
35—铭牌;36、37—标牌;38—防护塞;39—回油旋塞;40—缸体

2. 拆卸

①松开主体部分与变量部分的联接螺栓,卸下变量部分,注意预防变量头(斜盘)及止推板滑落,事先在泵下用木板或胶皮垫住,变量部分卸下后要妥善放置并防尘;

②取下 7 套柱塞 16 与滑靴 14 的组装件以及回程盘 15。如果柱塞卡死在缸体 40 中,并研伤缸体,则一般难于修复,必须更换新泵;

③从回程盘 15 中取出 7 套柱塞和滑靴组件;

④从传动轴 26 花键端内孔中取出钢球 10、中心内套 11、中心弹簧 12 及中心外套 13 组装件,并分解成单个零件;

⑤取出缸体 40 与钢套 17 组合件,两者为过盈配合,不进行分解;

⑥取出配油盘 9;

⑦拆下传动键 27;

⑧卸掉端盖螺栓 1、端盖 2 及密封圈 3～6;

⑨卸下传动轴 26 及轴承组件 21～25;

⑩卸下联接螺栓 7,将外壳体 8 与中壳体 28 分解,注意外泵体上配流盘的定位销不要取下,准确记住装配位置;

⑪卸下滚柱轴承 32。

3. 装配

①用煤油或汽油清洗全部零件;

②将密封圈 19 装入外壳体 8 的槽中;

③外壳体 8 及中壳体 28 用联接螺栓 7 合装;

④将滚柱轴承 32 装入中壳体 28 孔中;

⑤将传动轴 26 及轴承组件 21~25 装入外壳体 8 中;

⑥将密封圈 3 装入端盖 2,将密封组件 4~6 装入端盖 2;

⑦将端盖 2 与外壳体 8 合装,用端盖螺栓 1 紧固;

⑧将配油盘 9 装入外壳体,端面贴紧,用定位销定位;

⑨将缸体 40 装入中壳体 28 中,注意与配油盘 9 端面贴紧;

⑩将中心内套 11、中心弹簧 12 及中心外套 13 组合后装入传动轴 26 内孔;

⑪在钢球 10 上涂抹清洁黄油黏在弹簧中心内套 11 的球窝中,防止脱落;

⑫将 7 套滑靴 14 与柱塞 16 组件装入回程盘 15 孔中;

⑬将滑靴 14、柱塞 16、回程盘 15 组件装入缸体 40 孔中,注意钢球 10 不要脱离;

⑭装上传动键 27。

4. 拆装注意事项

①在拆装过程中要确保场地、工具清洁,严禁污物进入油泵;

②在清洗过程中,禁用棉纱、脏布擦洗零件,应当用毛刷、绸布擦洗,防止棉丝头混入液压系统;

③柱塞泵为高精度零件组装而成,拆装过程中应轻拿轻放,切勿敲击;

④装配过程中各相对运动件都要涂与泵站工作介质相同的润滑油。

5. 液压泵故障诊断与排除(见表 1-5)

表 1-5 液压泵常见故障排除方法

故障现象	原因分析	排除方法
不排油或 无压力	1. 原动机和液压泵转向不一致	1. 纠正转向
	2. 油箱油位过低	2. 补油至油标线
	3. 吸油管或滤油器堵塞	3. 清洗吸油管路或滤油器,使其畅通
	4. 启动时转速过低	4. 使转速达到液压泵的最低转速以上
	5. 油液黏度过大或叶片移动不灵活	5. 检查油质,更换黏度适合的液压油或提高油温
	6. 叶片泵配油盘与泵体接触不良或叶片在滑槽内卡死	6. 修理接触面,重新调试,清洗滑槽和叶片,重新安装
	7. 进油口漏气	7. 更换密封件或接头
	8. 组装螺钉过松	8. 拧紧螺钉

故障现象	原因分析	排除方法
流量不足或压力不能升高	1. 吸油管滤油器部分堵塞 2. 吸油端连接外密封不严,有空气进入,吸油位置太高 3. 叶片泵个别叶片装反,运动不灵活 4. 泵盖螺钉松动 5. 系统泄漏 6. 齿轮泵轴向和径向间隙过大 7. 叶片泵定子内表面磨损 8. 柱塞泵柱塞与缸体或配油盘与缸体间磨损,柱塞回程不够或不能回程,引起缸体与配油盘失去密封 9. 柱塞泵变量机构失灵 10. 侧板端磨损严重,漏损增加 11. 溢流阀失灵	1. 除去脏物,使吸油管畅通 2. 在吸油端连接处涂油,若有好转,则紧固连接件,或更换密封,降低吸油高度 3. 逐个检查,不灵活叶片应重新研配 4. 适当拧紧 5. 对系统进行顺序检查 6. 找出间隙过大部位,采取措施 7. 更换零件 8. 更换柱塞,修磨配流盘与缸体的接触面,保证接触良好,检查或更换中心弹簧 9. 检查变量机构,纠正及调整误差 10. 更换零件 11. 检修溢流阀
噪声严重	1. 吸油管或滤油器部分堵塞 2. 吸油端连接处密封不严,有空气进入,吸油位置太高 3. 泵轴油封处有空气进入 4. 泵盖螺钉松动 5. 泵与联轴器不同心或松动 6. 油液黏度过高,油中有气泡 7. 吸入口滤油器通过能力太小 8. 转速太高 9. 泵体腔道阻塞 10. 齿轮泵齿形精度不高或接触不良,泵内零件损坏 11. 齿轮泵轴向间隙过小,齿轮内孔与端面垂直度或泵盖上两孔平行度超差 12. 溢流阀阻尼孔堵塞 13. 管路振动	1. 除去脏物,使吸油管畅通 2. 在吸油端连接处涂油,若有好转,则紧固连接件,或更换密封,降低吸油高度 3. 更换油封 4. 适当拧紧 5. 重新安装,使其同心,紧固连接件 6. 换黏度适当的液压油,提高油液质量 7. 改用通过能力较大的滤油器 8. 使转速降至允许最高转速以下 9. 清理或更换泵体 10. 更换齿轮或研磨修整,更换损坏零件 11. 检查并修复有关零件 12. 拆卸溢流阀并清洗 13. 采取隔离消振措施
泄漏	1. 柱塞泵中心弹簧损坏,使缸体与配油盘间失去密封性 2. 油封或密封圈损伤 3. 密封表面不良 4. 泵内零件间磨损、间隙过大	1. 更换弹簧 2. 更换油封或密封圈 3. 检查修理 4. 更换或重新研配零件
过热	1. 油液黏度过高或过低 2. 侧板和轴套与齿轮端面严重摩擦 3. 油液变质,吸油阻力增大 4. 油箱容积太小,散热不良	1. 更换黏度适合的液压油 2. 修理或更换侧板和轴套 3. 换油 4. 加大油箱,扩大散热面积

续表

故障现象	原因分析	排除方法
柱塞泵变量机构失灵	1. 在控制油路上,可能出现阻塞 2. 变量头与变量体磨损 3. 变量活塞以及弹簧心轴卡死	1. 净化油,必要时冲洗油路 2. 刮修,使圆弧面配合良好 3. 如机械卡死,可研磨修复,如油液污染,则清洗零件并更换油液
柱塞泵不转	1. 柱塞与缸体卡死 2. 柱塞球头折断,滑靴脱落	1. 研磨、修复 2. 更换零件

◎ 检查、评价

表 1-6 任务 2 检查评价表

考核内容		自　评	组长评价	教师评价
		达到标准画√,没达到标准画×		
作业完成	1. 按时完成任务	□	□	□
	2. 内容正确	□	□	□
	3. 字迹工整,整洁美观	□	□	□
操作过程	1. 拆卸方案正确	□	□	□
	2. 装配方案正确	□	□	□
	3. 拆卸过程顺序正确	□	□	□
	4. 装配过程顺序正确	□	□	□
	5. 找到故障点并正确解决问题	□	□	□
	6. 正确使用工具	□	□	□
工作态度	1. 不旷课	□	□	□
	2. 不迟到,不早退	□	□	□
	3. 学习积极性高	□	□	□
	4. 学习认真,虚心好学	□	□	□
职业操守	1. 安全、文明工作	□	□	□
	2. 具有良好的职业操守	□	□	□
团队合作	1. 服从组长的工作安排	□	□	□
	2. 按时完成组长分配的任务	□	□	□
	3. 热心帮助小组其他成员	□	□	□
项目完成	1. 液压泵拆装按时正确完成	□	□	□
	2. 拆装过程中能检查故障点并排除	□	□	□

续表

考核内容		自 评	组长评价	教师评价
		达到标准画√,没达到标准画×		
项目报告	1. 报告书规范、排版好	☐	☐	☐
	2. 结构完整,内容翔实	☐	☐	☐
	3. 能将任务的设计过程及结果完整展现	☐	☐	☐
评价等级				
项目最终评价(自评20%,组评30%,师评50%)				

任务3 压力机执行元件的拆装与检修

◎ 任务说明

压力机的液压缸在实际使用过程中会出现爬行和局部速度不均匀、液压冲击、工作速度逐渐下降甚至停止等故障。分析这些故障是由哪些因素引起的,并予以排除。

◎ 任务要求

- 了解液压缸的结构形式、连接方式、性能特点及应用。
- 掌握液压缸的工作原理。
- 掌握液压缸的常见故障及排除方法,培养学生的实际动手能力和分析问题、解决问题的能力。

◎ 资讯

在液压传动系统中,液压执行元件是把通过回路输入的液压能转换为机械能输出的能量转换装置。液压执行元件分为液压缸和液压马达两种类型,前者是为了实现直线或摆动运动,后者是为了实现旋转运动。

一、液压缸的分类

液压缸按其结构形式可分为直线运动液压缸(如活塞缸、柱塞缸等)和摆动缸。直线运动液压缸可实现往复直线运动,输出推力(或拉力)和直线运动速度。摆动缸可实现小于360°的往复摆动,输出转距和角速度。图1-21所示为单活塞杆式液压缸。

图1-21 单活塞杆式液压缸

按供油的不同可分为单作用式和双作用式两种。其中,单作用式液压缸中液压力只能使活塞(或柱塞)单方向运动,而反方向运动必须依靠外力(如弹簧力或自重等)实现;双作用式液压缸的液压力可实现两个方向的运动。

27

二、活塞式液压缸

1. 双杆活塞式液压缸

双杆活塞式液压缸的两腔中都有活塞杆伸出。如图 1-22(a)所示,为缸体固定式结构,又称为实心双杆活塞式液压缸。当液压缸的左腔进油,推动活塞向右移动,右腔活塞杆向外伸出,左腔活塞杆向内缩进,液压缸右腔油液回油箱;反之,活塞向左移动。其工作台的往复运动范围约为有效行程 L 的 3 倍。这种液压缸因运动范围大,占地面积较大,一般用于行程短的小型液压设备上。

图 1-22(b)所示为活塞杆固定式结构,又称为空心双杆活塞式液压缸。当液压缸的左腔进油,缸体向左移动;反之,缸体向右移动。其工作台的往复运动范围约为有效行程 L 的 2 倍,因运动范围不大,占地面积较小,常用于行程长的大、中型液压设备。

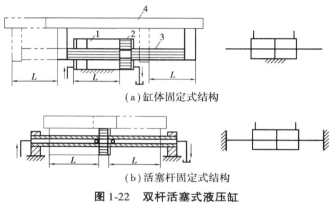

(a)缸体固定式结构

(b)活塞杆固定式结构

图 1-22　双杆活塞式液压缸

1—缸筒;2—活塞;3—活塞杆;4—工作台

2. 单杆活塞式液压缸

单杆活塞式液压缸仅一端有活塞杆伸出。单杆活塞式液压缸按固定方式分也有缸体固定和活塞杆固定两种形式。图 1-23(a)所示为缸体固定式结构,图 1-23(b)所示为活塞杆固定式结构。单杆活塞式液压缸无论缸体固定式还是活塞杆固定式,工作台的运动范围都等于活塞或缸体有效行程 L 的 2 倍,所以其结构紧凑,应用广泛。

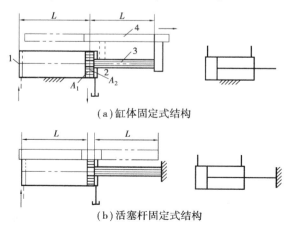

(a)缸体固定式结构

(b)活塞杆固定式结构

图 1-23　单杆活塞式液压缸

1—缸筒;2—活塞;3—活塞杆;4—工作台

三、柱塞缸

活塞缸的缸孔要求精加工,行程长时孔的加工比较困难,因此,在长行程的场合,可采用柱塞式液压缸,因为柱塞缸的缸筒内壁不与柱塞接触,缸体内壁可以粗加工或不加工,只对柱塞精加工。

柱塞式液压缸是单作用式液压缸,只能实现单向运动,它的回程需要借助外力(如重力或弹力等)来完成。柱塞式液压缸一般由缸筒、柱塞 2、导向套 3、压盖 5 等主要零件组成,如图 1-24(a)所示。当压力油进入缸体时,在压力油推动下,柱塞带动运动部件向右运动。如果要获得双向运动,可将两个柱塞液压缸相对安装,如图 1-24(b)所示,它可以使工作台得到双向运动。

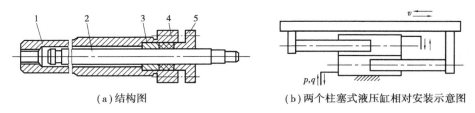

（a）结构图　　　　　　　　（b）两个柱塞式液压缸相对安装示意图

图 1-24　柱塞式液压缸
1—缸筒;2—柱塞;3—导向套;4—密封圈;5—压盖
p—工作压力;q—输入流量

四、摆动式液压缸

摆动式液压缸能实现小于 360°的往复摆动运动。由于它直接输出扭矩,故又称为摆动液压马达,主要有单叶片式和双叶片式两种结构形式。图 1-25(a)所示为单叶片摆动液压缸。它的摆动角较大,可达 300°。单叶片摆动液压缸主要由叶片 1、摆动轴 2、定子块 3、缸体 4 等主要零件组成。两个工作腔之间的密封靠叶片和隔板外缘所嵌的框形密封件来保证。定子块固定在缸体上,而叶片和摆动轴联接在一起。当两油口相继通过压力油时,叶片即带动摆动轴做往复摆动。

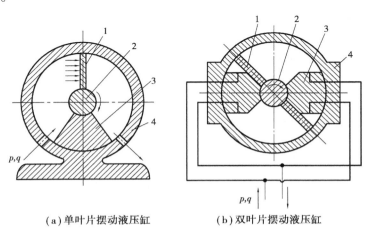

（a）单叶片摆动液压缸　　　　（b）双叶片摆动液压缸

图 1-25　摆动式液压缸
1—叶片;2—摆动轴;3—定子块;4—缸体;p—工作压力;q—输入流量

摆动缸结构紧凑,输出转矩大,但密封困难,一般只用于中、低压系统中往复摆动、转位或间歇运动的地方。

五、液压缸的典型结构举例

图 1-26 所示的是一个较常用的双作用单活塞杆液压缸,它由缸底 1、缸筒 11、缸盖 15、活塞 8、活塞杆 12、导向套 13 和密封装置等零件组成。缸筒一端与缸底焊接,另一端缸盖与缸筒用螺钉联接,以便拆装检修,两端设有油口 A 和 B。活塞 8 与活塞杆 12 利用半环 5、挡环 4 和弹簧卡圈 3 组成的半环式结构连在一起。活塞与缸孔的密封采用的是一对 Y 形聚氨酯密封圈 6,由于活塞与缸孔有一定间隙,采用由尼龙制成的耐磨环(又称为支承环)9 定心导向。活塞杆 12 和活塞 8 的内孔由 O 形密封圈 10 密封。较长的导向套 13 则可保证活塞杆不偏离中心,导向套外径由 O 形圈 14 密封,而其内孔则由 Y 形密封圈 16 和防尘圈 19 分别防止油外漏和灰尘带入缸内。液压缸通过杆端销孔与外界连接,销孔内有尼龙衬套抗磨。

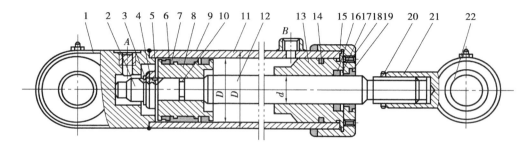

图 1-26　双作用单活塞杆液压缸

1—缸底;2—缓冲柱塞;3—弹簧卡圈;4—挡环;5—半环;6,10,14,16—加底纹圈;7,17—挡圈;
8—活塞;9—支撑环;11—缸筒;12—活塞杆;13—导向套;15—缸盖;
18—锁紧螺钉;19—防尘圈;20—锁紧螺母;21—耳环;22—耳环衬套圈

从上面所述的液压缸典型结构中可以看到,液压缸基本上由缸筒和缸盖、活塞与活塞杆、密封装置、缓冲装置和排气装置 5 部分组成,分述如下。

1. 缸筒和缸盖

一般来说,缸筒和缸盖的结构形式和其使用的材料有关。当工作压力 $p < 10$ MPa 时,使用铸铁缸筒;当 $p < 20$ MPa 时,使用无缝钢管缸筒;当 $p > 20$ MPa 时,使用铸钢或锻钢缸筒。

图 1-27 所示为缸筒和缸盖的常见结构形式。图 1-27(a)所示为法兰连接式,结构简单,容易加工,也容易装拆,但外形尺寸和重量都较大,常用于铸铁制的缸筒上。图 1-27(b)所示为半环连接式,它的缸筒外壁因开了环形槽而削弱了强度,为此有时要加厚缸壁,它容易加工和装拆,质量较轻,常用于无缝钢管或铸钢制的缸筒上。图 1-27(c)所示为螺纹连接式,它的缸筒端部结构复杂,外径加工时要求保证内外径同心,装拆要使用专用工具,它的外形尺寸和质量都较小,常用于无缝钢管或铸钢制的缸筒上。图 1-27(d)所示为拉杆连接式,结构的通用件大,容易加工和装拆,但外形尺寸较大,且较重。图 1-27(e)所示为焊接连接式,结构简单,尺寸小,但缸底处内径不易加工,且可能引起变形。

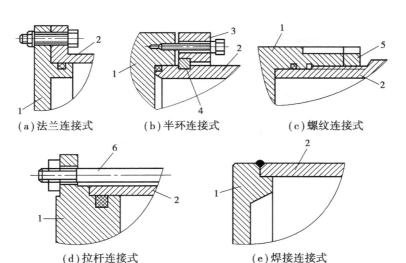

（a）法兰连接式　　　（b）半环连接式　　　（c）螺纹连接式

（d）拉杆连接式　　　　　　（e）焊接连接式

图 1-27　缸筒和缸盖结构

1—缸盖;2—缸筒;3—压板;4—半环;5—防松螺帽;6—拉杆

2.活塞与活塞杆

可以把短行程的液压缸的活塞杆与活塞做成一体,这是最简单的形式。但当行程较长时,这种整体式活塞组件的加工较费事,所以常把活塞与活塞杆分开制造,然后连接成一体。图 1-28 所示为 4 种常见的活塞与活塞杆的连接形式。

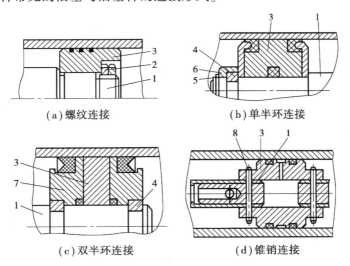

（a）螺纹连接　　　　　　　（b）单半环连接

（c）双半环连接　　　　　　　（d）锥销连接

图 1-28　活塞与活塞杆的结构

1—活塞杆;2—螺母;3—活塞;4—半环;5—弹簧卡圈;6—轴套;7—密封圈座;8—锥销

图 1-28（a）所示为活塞与活塞杆之间采用螺母连接,它适用于负载较小,受力无冲击的液压缸中。螺纹连接虽然结构简单,安装方便可靠,但在活塞杆上车螺纹将削弱其强度。图 1-28（b）和（c）所示为半环式连接方式。图 1-28（b）中活塞杆 1 上开有一个环形槽,槽内装有两个半环 4 以夹紧活塞 3,半环 4 由轴套 6 套住,而轴套 6 的轴向位置用弹簧卡圈 5 来固定。图 1-28（c）中的活塞杆,使用了两个半环 4,它们分别由两个密封圈座 7 套住,半圆形的活塞 3

安放在密封圈座的中间。半环连接一般用在高压大负荷的场合,特别是当工作设备有较大振动的情况下。图1-28(d)所示是一种径向锥销式连接结构,用锥销8把活塞3固连在活塞杆1上。这种连接方式特别适用于双出杆式活塞,对于轻载的机床更为适宜。

3.密封装置

液压缸高压腔中的油液向低压腔泄漏称为内泄漏,液压缸中的油液向外部泄漏称为外泄漏。由于液压缸存在内泄漏和外泄漏,使得液压缸的容积效率降低,从而影响液压缸的工作性能,严重时使系统压力无法上去,甚至无法工作;并且外泄漏还会污染环境,因此为了防止泄漏的产生,液压缸中需要密封的地方必须采取相应的密封措施。液压缸中需要密封的部位有:活塞、活塞杆和端盖等处。

设计和选用密封装置的基本要求是:密封装置应具有良好的密封性能,并随压力的增加能自动提高;动密封处运动阻力要小;密封装置要耐油抗腐蚀、耐磨、寿命长、制造简单、拆装方便。常用的密封装置如图1-29所示。

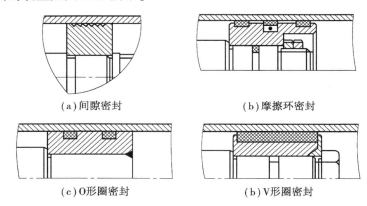

(a)间隙密封　　　　　　　(b)摩擦环密封

(c)O形圈密封　　　　　　(b)V形圈密封

图1-29　密封装置

(1)间隙密封

如图1-29(a)所示,间隙密封是依靠两运动件配合面间保持一很小的间隙,使其产生液体摩擦阻力来防止泄漏的一种密封方法。为了提高这种装置的密封能力,常在活塞的表面制出几条细小的环形槽,其尺寸为0.5 mm×0.5 mm,槽间距为3~4 mm,这些环形槽有两方面的作用:一是提高间隙密封的效果,当油液从高压腔向低压腔泄漏时,由于油路截面突然改变,在小槽中形成旋涡而产生阻力,于是使油液的泄漏量减少;二是阻止活塞轴线的偏移,从而有利于保持配合间隙,保证润滑效果,减少活塞与缸壁的磨损,增强间隙密封性能。它的结构简单,摩擦阻力小,可耐高温,但泄漏大,加工要求高,磨损后无法恢复原有能力,只有在尺寸较小、压力较低、相对运动速度较高的缸筒和活塞间使用。

(2)摩擦环密封

如图1-29(b)所示,摩擦环密封是依靠套在活塞上的摩擦环(尼龙或其他高分子材料制成)在O形密封圈弹力作用下贴紧缸壁而防止泄漏。这种材料效果较好,摩擦阻力较小且稳定,可耐高温,磨损后有自动补偿能力,但加工要求高,装拆较不便,适用于缸筒和活塞之间的密封。

(3)密封圈(O形圈、Y形圈、V形圈等)密封

图1-29(c)、(d)所示为密封圈密封,它是利用橡胶或塑料的弹性使各种截面的环形圈贴紧在静、动配合面之间来防止泄漏。其结构简单,制造方便,磨损后有自动补偿能力,性能可

靠,在缸筒和活塞之间、缸盖和活塞杆之间、活塞和活塞杆之间、缸筒和缸盖之间都能使用。

(4)防尘圈

对于活塞杆外伸部分来说,由于它很容易把脏物带入液压缸,使油液受污染,密封件磨损,因此常需在活塞杆密封处增添防尘圈,并放在向着活塞杆外伸的一端,如图1-26所示。

4.缓冲装置

液压缸一般都设置有缓冲装置,特别是对大型、高速或要求高的液压缸,至行程终端时和缸盖相互撞击,引起噪声、冲击,则必须设置缓冲装置。

缓冲装置的工作原理是利用活塞或缸筒在其走向行程终端时封住活塞和缸盖之间的部分油液,强迫它从小孔或细缝中挤出,以产生很大的阻力,使工作部件受到制动,逐渐减慢运动速度,达到避免活塞和缸盖相互撞击的目的。常见缓冲装置的结构有环状间隙式、节流口面积可变式和节流口面积可调式等,如图1-30所示。

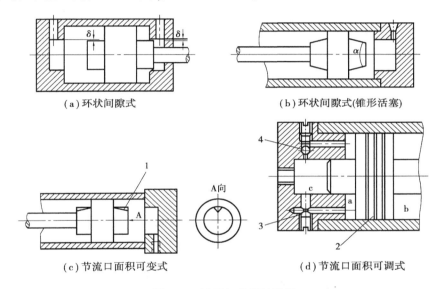

(a)环状间隙式　　　　　　(b)环状间隙式(锥形活塞)

(c)节流口面积可变式　　　　　(d)节流口面积可调式

图1-30　液压缸的缓冲装置
1—轴向三角槽;2—活塞;3—节流阀;4—单向阀

(1)环状间隙式

如图1-30(a)所示,当缓冲柱塞进入与其相配的缸盖上的内孔时,孔中的液压油只能通过间隙 δ 排出,使活塞速度降低。图1-30(b)所示活塞设计成锥形,使间隙逐渐减小,从而使阻力逐渐增大,缓冲效果更好。

(2)节流口面积可变式缓冲装置

如图1-30(c)所示,在缓冲柱塞上开有三角槽,随着柱塞逐渐进入配合孔中,面积越来越小,使活塞运动速度逐渐减慢而实现制动缓冲作用。

(3)节流口面积可调式缓冲装置

如图1-30(d)所示,在端盖上装有节流阀,当缓冲凸台进入凹腔 c 后,活塞与端盖(a 腔)间的油液经节流阀3的开口流入 c 腔而排出,于是回油阻力增大,形成缓冲液压阻力,使活塞运动速度减慢,实现制动缓冲。节流阀3的开口可根据负载情况调节,从而改变缓冲的速度。当活塞2反向运动时,压力油由 c 腔经单向阀4进入 a 腔,使活塞迅速启动。

5. 排气装置

液压缸在安装过程中或长时间停放重新工作时,液压缸里和管道系统中会渗入空气,为了防止执行元件出现爬行、噪声和发热等不正常现象,需把缸中和系统中的空气排出。一般可在液压缸的最高处设置进出油口把气带走,也可在最高处设置如图 1-31(a)所示的排气孔或专门的排气阀,如图 1-31(b)、(c)所示。

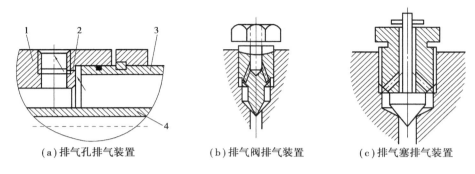

(a)排气孔排气装置　　　　(b)排气阀排气装置　　　　(c)排气塞排气装置

图 1-31　放气装置

1—缸盖;2—放气小孔;3—缸体;4—活塞杆

◎ **计划、决策**

1. 拆装实物、工具

(1)实物

双作用单杆活塞式液压缸。

(2)工具

内六角扳手一套、耐油橡胶板一块、油盆一个及钳工常用工具一套。

2. 拆装方案

①确定拆卸顺序。

②观察主要零件的结构及作用。

③确定装配要领。

◎ **实施**

单杆活塞式液压缸拆装,结构图如 1-26 所示。

1. 拆卸顺序

①拆掉压盖上的螺钉,卸下压盖。

②拆下端盖。

③将活塞与活塞杆从缸体中分离。

2. 主要零件的结构及作用

①观察所拆卸的液压缸的类型及安装形式。

②观察活塞与活塞杆的结构及其连接形式。

③观察缸筒与缸盖的连接形式。

④观察缓冲装置的类型,分析原理及调节方法。

⑤观察活塞上的小孔及作用。

3. 装配要领

装配前清洗各部件,将活塞杆与导向套、活塞杆与活塞、活塞与缸筒等配合表面涂上润滑油,然后按拆卸时的反向顺序装配。

◎ 检查、评价

表 1-7 任务 3 检查评价表

考核内容		自 评	组长评价	教师评价
		达到标准画√,没达到标准画×		
作业完成	1. 按时完成任务	☐	☐	☐
	2. 内容正确	☐	☐	☐
	3. 字迹工整,整洁美观	☐	☐	☐
操作过程	1. 拆卸方案正确	☐	☐	☐
	2. 装配方案正确	☐	☐	☐
	3. 拆卸过程顺序正确	☐	☐	☐
	4. 装配过程顺序正确	☐	☐	☐
	5. 找到故障点并正确解决问题	☐	☐	☐
	6. 正确使用工具	☐	☐	☐
工作态度	1. 不旷课	☐	☐	☐
	2. 不迟到,不早退	☐	☐	☐
	3. 学习积极性高	☐	☐	☐
	4. 学习认真,虚心好学	☐	☐	☐
职业操守	1. 安全、文明工作	☐	☐	☐
	2. 具有良好的职业操守	☐	☐	☐
团队合作	1. 服从组长的工作安排	☐	☐	☐
	2. 按时完成组长分配的任务	☐	☐	☐
	3. 热心帮助小组其他成员	☐	☐	☐
项目完成	1. 液压缸拆卸和装配按时完成	☐	☐	☐
	2. 找到故障点并正确排除	☐	☐	☐
项目报告	1. 报告书规范,排版好	☐	☐	☐
	2. 结构完整,内容翔实	☐	☐	☐
	3. 能将任务的设计过程及结果完整展现	☐	☐	☐
评价等级				
项目最终评价(自评 20%,组评 30%,师评 50%)				

◎ 知识拓展

一、液压马达的特点及分类

从能量转换的观点来看,液压泵与液压马达是可逆工作的液压元件,向任何一种液压泵输入工作液体,都可使其变成液压马达工况;反之,当液压马达的主轴由外力矩驱动旋转时,也可变为液压泵工况。因为它们具有同样的基本结构要素——密闭而又可以周期性变化的容积和相应的配油机构。

但是,由于液压马达和液压泵的工作条件不同,对它们的性能要求也不一样,所以同类型的液压马达和液压泵之间,仍存在许多差别。首先,液压马达应能够正、反转,因而要求其内部结构对称;液压马达的转速范围需要足够大,特别对它的最低稳定转速有一定的要求,因此它通常都采用滚动轴承或静压滑动轴承;其次,液压马达由于在输入压力油条件下工作,因而不必具备自吸能力,但需要一定的初始密封性,才能提供必要的启动转矩。由于存在着这些差别,使得液压马达和液压泵在结构上比较相似,但不能可逆工作。

液压马达按其结构可分为齿轮式、叶片式、柱塞式等几种。按液压马达的额定转速分为高速和低速两大类。额定转速高于 500 r/min 的属于高速液压马达,额定转速低于 500 r/min 的属于低速液压马达。高速液压马达的基本形式有齿轮式、螺杆式、叶片式和轴向柱塞式等。它们的主要特点是转速较高、转动惯量小,便于启动和制动,调节(调速及换向)灵敏度高。通常高速液压马达输出转矩不大,所以又称为高速小转矩液压马达。低速液压马达的基本形式是径向柱塞式,此外在轴向柱塞式、叶片式和齿轮式中也有低速的结构形式,低速液压马达的主要特点是排量大、体积大,转速低(有时可达每分钟几转甚至零点几转),因此可直接与工作机构连接,不需要减速装置,使传动机构大为简化,通常低速液压马达输出转矩较大,所以又称为低速大转矩液压马达。

二、液压马达的工作原理

常用的液压马达的结构与同类型的液压泵很相似,下面以叶片式液压马达为例对其工作原理作简单介绍。

图 1-32 所示为叶片式液压马达的工作原理图。

当压力油通入压油腔后,叶片 2 和 6 两侧面均受高压油的作用,由于作用力相等,因此互相抵消不产生转矩。叶片 1,3(或 5,7)上,一侧受高压油的作用,另一侧处于回油腔,受低压油的作用,因此每个叶片的两侧受力不平衡。故叶片 3,7 产生顺时针旋转的转矩,而 1,5 产生逆时针旋转的转矩。由于叶片 3,7 伸出的面积大于叶片 1,5 伸出的面积,因此作用于叶片 3,7 上的总液压力大于作用于叶片 1,5 上的总液压力,于是叶片 3,7 产生顺时针旋转的转矩大于 1,5 产生逆时针旋转的转矩。这两种转矩的合成就构成了转子沿顺时针方向旋转的转矩。回油腔中油液的压力低,对叶片的作用力很小,产生的转矩可忽略不计。因此转子在合成转矩的作用下按顺时针方向旋转。若改变输油方向,则液压马达反向。叶片式液压马达的输出转距与液压马达的排量和液压马达进出油口之间的压力差有关,其转速由输入液压马达的流量大小来决定。

由于液压马达一般都要求能正、反转,所以叶片式液压马达的叶片要径向放置。为了使叶片根部始终通有压力油,在回、压油腔通入叶片根部的通路上应设置单向阀,为了确保叶片式液压马达在压力油通入后能正确启动,必须使叶片顶部和定子内表面紧密接触,以保证良好的密封,因此在叶片根部应设置预紧弹簧。

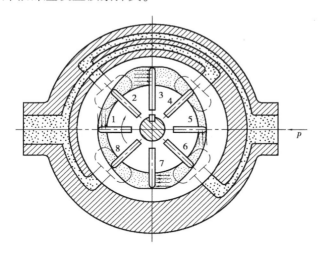

图 1-32　叶片式液压马达的工作原理图

1—8—叶片

叶片式液压马达体积小,转动惯量小,动作灵敏,可适应的双向频率较高。但泄漏较大,低速工作时不稳定,因此,叶片马达一般用于转速高、转矩小和动作要求灵敏的场合。

任务 4　平面磨床工作台液压换向回路的安装与调试

◎ **任务说明**

平面磨床在工作时,工作台带动工件做往复直线运动,而工作台由直线液压缸驱动,工作过程中液压缸需要不断地换向来完成往复直线运动。此液压系统中,液压泵由电动机驱动,液压油从油箱中被吸出,油液经滤油器进入液压泵,油液在泵中从入口低压到出口高压,通过溢流阀、节流阀、换向阀进入液压缸左腔或右腔,推动活塞使工作台向右或向左移动。现要求绘制和连接工作台液压换向回路。图 1-33 所示为平面磨床。

◎ **任务要求**

- 能绘制换向回路图,并能根据换向回路图正确选用元器件。
- 能根据回路图和选择的元件在仿真计算机上完成仿真运行。
- 能在工作台上合理布置各元器件,规范地安装元器件。
- 能用油管根据回路图牢固连接元器件的各油口。

图 1-33　平面磨床

- 能根据回路图检查油口连接情况,会启动液压泵,完成调试任务,并且处理可能遇到的问题。
- 完成实验经老师检查评估后,关闭油泵,拆下管线,将元件放回原位。

◎ 资讯

一、换向阀的工作原理

换向阀通过改变阀芯在阀体内的相对工作位置,使阀体上各油口连通或断开,从而控制执行元件的启动、停止或改变方向。换向阀的工作原理如图1-34所示,在图示位置,液压缸两腔不通压力油,处于停止状态;若使换向阀的阀芯右移,阀体上的油口 P 和 A,B 和 T_2 连通。压力油经 P,A 进入液压缸的左腔,活塞右移,右腔油液经 B,T_2 回到油箱。反之,若阀芯左移,则 P 和 B,A 和 T_1 连通,活塞便左移。

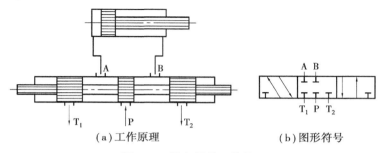

| (a)工作原理 | (b)图形符号 |

图1-34 换向阀的工作原理

二、换向阀的分类

换向阀的作用是利用阀芯位置的变动,改变阀体上各油口的通断状态,从而控制油路连通、断开或改变液流方向。换向阀的用途十分广泛,种类也很多,其分类见表1-8。

表1-8 换向阀的分类

分类方式	类 型
按阀的操纵方式	手动、机动、电动、液动、电液动
按阀的工作位置数和通路数	二位二通、二位三通、三位四通、三位五通等
按阀的结构形式	滑阀式、转阀式、锥阀式
按阀的安装方式	管式、板式、法兰式等

由于滑阀式换向阀数量多、应用广泛、具有代表性,下面以滑阀式换向阀为例说明换向阀的工作原理、图形符号、机能特点和操作方式。

三、滑阀式换向阀的换向原理

滑阀式换向阀是由阀体和阀芯两个主要部件组成的。阀芯是一个有多段台阶的圆柱体,直径大的部分称为凸肩,有的阀芯内部开有油液的阀内通道。阀体内孔加工出若干段环形槽,称为沉割槽,每条沉割槽都通过相应的孔道与外部相通。换向原理是利用阀芯位置的变动,改变阀体上各油口的通断状态,从而控制油路连通、断开或改变液流方向。

图 1-35 所示为二位四通换向阀,其中 P 口为进油口,T_1,T_2 口为回油口,而 A 口和 B 口则通液压缸两腔。当阀芯处于中间位置时,5 个油口 P,A,B,T_1,T_2 互不相通,活塞停止运动;当阀芯右移时,P 口与 A 口相通,B 口与 T_2 口相通,液压缸左腔进油,右腔排油,活塞向右运动,此时换向阀工作在"左位";当阀芯向左移时,P 口与 B 口相通,A 口与 T_1 口相通,液压缸右腔进油,左腔排油,活塞向左运动,此时换向阀工作在"右位"。

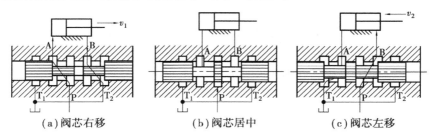

图 1-35 换向阀的工作原理

四、换向阀的图形符号

一个完整的换向阀图形符号应包括:位、通、操纵方式、复位方式或定位方式。表 1-9 列出了几种常用的滑阀式换向阀的结构原理图及其图形符号。

表 1-9 常用换向阀的结构原理图和图形符号

名 称	结构原理图	图形符号
二位二通		
二位三通		
二位四通		
二位五通		
三位四通		
三位五通		

现对换向阀的图形符号含义作以下说明：

①用方格数表示阀的工作位置数，有几个方格就代表几位阀。

②在一个方格内，箭头或堵塞符号与方格的交点数为阀的通路数，有几个交点就是几通阀，箭头表示两油口相通，但不表示实际流向；"⊥"表示此油口截止(堵塞)。

③P 表示阀的进油口，T 表示回油口，A，B 表示控制油口，常与液压缸或液压马达相连。

④控制方式和复位弹簧的符号画在方格的两侧。

⑤常态位指阀芯在原始状态下(即施加控制信号之前的原始位置)的通路状况。三位阀的中位及二位阀侧面画有弹簧的那一方框为常态位。在画液压系统图时，换向阀与油路的连接一般应画在常态位上，同时，在常态位上应标出油口的代号。另外，二位二通阀有常开型(常态位置两油口连通)和常闭型(常态位置两油口不连通)。

五、常态位和中位机能

当换向阀没有受到操纵力作用时，各油口的连接方式称为常态位。二位二通换向阀有常开型和常闭型两种，常开型的常态位两油口是连通的，常闭型的常态位两油口是不通的。在液压系统原理图上，换向阀的图形符号与油路的连接应画在常态位上。

对于三位换向阀，其常态位(即中位)各油口的连通方式称为中位机能。中位机能不同，中位时换向阀对系统的控制性能也不相同。表1-10 列出了常见的中位机能的结构原理、机能代号、图形符号及机能特点和作用。

表 1-10　三位四通换向阀的中位机能

型　式	结构原理图	中位等号	中位油口状况和特点	其他机能符号示例
O		A B ⊣⊢ P T	油口全封，执行元件锁死，泵不卸荷	J
H		A B ⊓ P T	油口全通，执行元件浮动，泵卸荷	C
Y		A B P T	P 口封闭，A，B，T 口相通，执行元件浮动，泵保压	X
P		A B P T	T 口封闭，P，A，B 口相通，单杠缸形成差动，泵不卸荷	U
M		A B P T	P，T 口相通，A，B 口封闭，执行元件锁死，泵卸荷	N
				K
				OP
				MP

六、几种常见的换向阀

1. 手动换向阀

手动换向阀是利用手动杠杆来改变阀芯的位置,实现换向。按换向定位方式的不同,手动换向阀有弹簧自动复位式(见图 1-36(a))和钢球定位式(见图 1-36(b))两种。当操作手柄的外力撤销后,前者在弹簧力作用下使阀芯自动回复到初始位置(处于中位),后者则因钢球卡在定位槽中,可保持阀芯处于原换向位置(称"记忆"功能)。

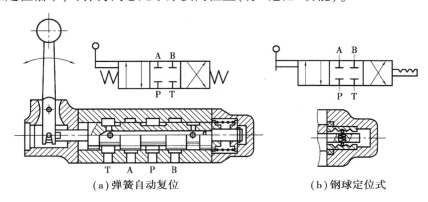

（a）弹簧自动复位　　　　（b）钢球定位式

图 1-36　三位四通手动换向阀

手动换向阀结构简单,操作安全,有的还可人为地控制阀口的大小,从而控制执行元件的速度。但由于依靠手动操纵,故只适用于间歇动作且要求人工控制的场合,如工程机械上。

2. 机动换向阀

机动换向阀又称行程换向阀,是由行程挡块或凸轮推动阀芯实现换向的。图 1-37 所示为二位二通机动换向阀结构。在常态位(图示位置)时,P 口和 A 口不通;当固定在运动部件上的挡块压下滚轮时,阀芯移动,P 和 A 相通。机动换向阀通常是弹簧复位式的二位阀,有二通、三通、四通和五通 4 种。

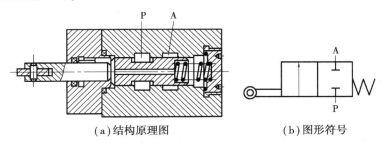

（a）结构原理图　　　　（b）图形符号

图 1-37　二位二通行程换向阀

机动换向阀结构简单,动作可靠,换向位置精度高。改变挡块的迎角或凸轮的形状,可使阀芯获得合适的换向速度,以减小换向冲击。但这种阀不能安装在液压站上,只能安装在运动部件的附近。

3. 电磁换向阀

电磁换向阀是利用电磁铁吸力使阀芯移动实现换向的。电磁铁按使用的电源不同,可分为交流和直流两种。交流电磁铁使用方便,吸力大,换向时间短(0.01 ~ 0.07 s),但换向冲击大,噪声大,换向频率低(约30次/min),且当阀芯被卡住或电压低等原因吸合不上时,线圈容易烧毁。直流电磁铁工作可靠,换向冲击小,使用寿命长,换向频率可达120次/min,其缺点是需要直流电源,成本较高。

(1)二位三通电磁换向阀

如图1-38所示为二位三通电磁换向阀,当电磁铁断电时,进油口P与油口A接通,油口B被关闭。当电磁铁通电时,产生的电磁吸力通过推杆1将阀芯2推向右端,进油口P与油口B接通,油口A被关闭。

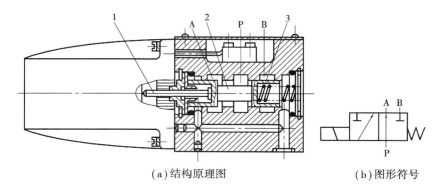

(a)结构原理图　　　　　　　　(b)图形符号

图1-38　二位三通电磁换向阀

1—堆杆;2—阀芯;3—弹簧

A,B—出油口;P—进油口

(2)三位四通电磁换向阀

如图1-39所示为三位四通电磁换向阀,当两边电磁铁均不通电时,阀芯在两端对中弹簧的作用下处于中间位置,油口P,A,B,T互不相通(中位)。当左侧的电磁铁通电时,衔铁将阀芯推向右边,这时进油口P和油口A接通,油口B与回油口T相通(左位);当右侧的电磁铁通电时,阀芯被推向左边,这时进油口P和油口B接通,油口A与回油口T相通(右位)。因此,通过控制左右电磁铁通电和断电,就可控制液流的方向,实现执行元件的换向。电磁换向阀具有动作迅速、操作方便、易于实现自动控制等优点。但由于电磁铁的吸力有限,所以电磁阀只宜用在流量不大的场合。

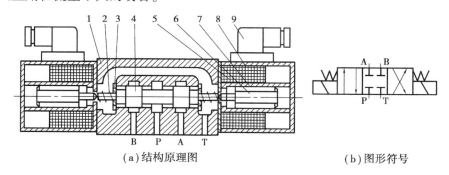

(a)结构原理图　　　　　　　　(b)图形符号

图1-39　三位四通电磁换向阀

1—阀体;2—弹簧;3—弹簧座;4—阀芯;5—线阀;6—衔铁;7—隔套;8—壳体;9—插头组件

4. 液动换向阀

液动换向阀是利用系统中的压力油(控制油)来改变阀芯工作位置实现换向的。

图1-40所示为三位四通液动换向阀。当阀芯两端控制油口 K_1 和 K_2 均不通入压力油时,阀芯在两端弹簧作用下处于中间位置,此时油口 P,A,B,T 互不相通(中位);当 K_1 口通入压力油,K_2 口接通油箱时,阀芯右移,使进油口 P 与油口 A 接通,油口 B 与回油口 T 接通(左位);当 K_2 口通入压力油,K_1 口接通油箱时,阀芯左移,使进油口 P 与油口 B 接通,油口 A 与回油口 T 接通(右位)。

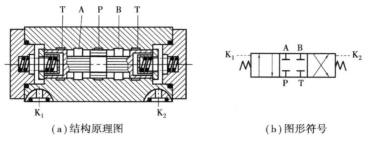

(a)结构原理图　　　　　　　　　　(b)图形符号

图1-40　液动换向阀

5. 电液换向阀

电液换向阀是由电磁换向阀与液动换向阀组成的复合阀。其中,电磁换向阀用来改变液动换向阀的控制油路方向,称为先导阀;液动阀实现主油路的换向,称为主阀。图1-41所示为三位四通电液换向阀。当先导阀的两个电磁铁都不通电时,先导阀处于中位,液动阀两端控制口均不通压力油,主阀芯在两端对中弹簧的作用下,主阀亦处于中位;当先导阀左端电磁铁通电时,其阀芯右移,先导阀换到左位,控制油路的压力油进入主阀左控制口,推动主阀阀芯右移,主阀也换到左位,此时 P 与 A 通,B 与 T 通;当先导阀右端电磁铁通电时,阀芯左移,先导阀换到右位,控制油路的压力油进入主阀右控制口,使主阀阀芯左移,主阀也换到右位,此时 P 与 B 通,A 与 T 通。调整液动阀两端阻尼调节器上的节流阀开口大小,可以改变主阀芯的移动速度,从而调整主阀换向时间。

电液换向阀综合了电磁阀和液动阀的优点,具有控制方便,通过的流量大的特点。

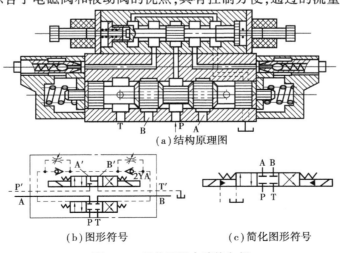

(a)结构原理图

(b)图形符号　　　　　　　　　(c)简化图形符号

图1-41　三位四通电液换向阀

七、换向回路

液压系统不论如何复杂,都是由一些液压基本回路所组成。所谓基本回路是指由若干个液压元件组成的且能够完成某种特定功能的液压元件和管路的组合,如用来调节液压泵供油压力的调压回路,改变液压执行元件运动方向的方向回路等都是常见的基本回路。熟悉和掌握典型的液压基本回路的组成、工作原理和性能,是分析、设计、使用和维护各种液压系统的基础。

液压基本回路根据完成的功能可分为方向控制回路、压力控制回路、速度控制回路和多缸工作控制回路 4 种回路。

1. 换向阀换向回路

如图 1-42 所示,该回路是采用一个三位四通电磁换向阀控制的换向回路。当电磁铁 1Y1 得电时,阀芯向右移动,左位油路接通,油缸向右移动;当两电磁铁都没有电时,滑阀位于中位,油缸停止;当电磁铁 1Y2 得电时,阀芯左移,右位油路接通,油缸左移。

2. 泵控方向控制回路

利用双向泵的旋转方向的变化改变液流的方向,实现缸的运动方向的改变。液压泵可以是变量泵或定量泵。图 1-43 是双向变量泵方向控制回路。这种换向回路比普通换向阀换向平稳,多用于大功率的液压系统中,如龙门刨床、拉床等液压系统。

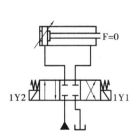

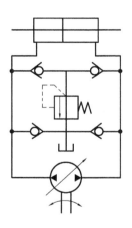

图 1-42　三位四通电磁换向阀换向回路　　　　图 1-43　双向变量泵换向回路

◎ **计划、决策**

1. 设计方案

利用双液控二位四通换向阀来控制磨床工作台的换向。用两个二位三通机动换向阀控制二位四通换向阀阀芯移动。

2. 液压回路原理图

平面磨床工作台液压换向回路原理如图 1-44 所示。

◎ **实施**

组装步骤如下:

①读懂控制回路图,并在 FliudSIM 仿真软件中进行仿真。仿真通过,才能实训;

②根据控制原理图选择合适的液压元件;

③把选定的液压元件根据控制原理图摆放在液压试验台上,根据控制原理图连接各液压元件;

④检查各元件的连接情况,确认无误后,打开油泵供油。

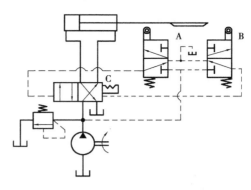

图 1-44 平面磨床工作台液压换向回路原理图

◎ **检查、评价**

表 1-11 任务 4 检查评价表

考核内容		自 评	组长评价	教师评价
		达到标准画√,没达到标准画 ×		
作业完成	1. 按时完成任务	☐	☐	☐
	2. 内容正确	☐	☐	☐
	3. 字迹工整,整洁美观	☐	☐	☐
操作过程	液压回路设计:			
	1. 正确设计液压换向回路	☐	☐	☐
	2. 通过液压换向回路仿真	☐	☐	☐
	3. 正确选择液压元件	☐	☐	☐
	4. 合理布置液压元件	☐	☐	☐
	5. 可靠连接各油口	☐	☐	☐
	调试:			
	1. 正确启动液压泵	☐	☐	☐
	2. 正确调整系统的工作压力范围	☐	☐	☐
	3. 正确调整液压缸行程	☐	☐	☐
	4. 正确使用测试仪器、设备	☐	☐	☐
	5. 找到故障点并正确解决问题	☐	☐	☐
工作态度	1. 不旷课	☐	☐	☐
	2. 不迟到,不早退	☐	☐	☐
	3. 学习积极性高	☐	☐	☐
	4. 学习认真,虚心好学	☐	☐	☐

续表

考核内容		自 评	组长评价	教师评价
		达到标准画√,没达到标准画×		
职业操守	1. 安全、文明工作	□	□	□
	2. 具有良好的职业操守	□	□	□
团队合作	1. 服从组长的工作安排	□	□	□
	2. 按时完成组长分配的任务	□	□	□
	3. 热心帮助小组其他成员	□	□	□
项目完成	1. 液压回路设计、连接正确	□	□	□
	2. 调试完成	□	□	□
项目报告	1. 报告书规范、排版好	□	□	□
	2. 结构完整,内容翔实	□	□	□
	3. 能将任务的设计过程及结果完整展现	□	□	□
评价等级				
项目最终评价(自评20%,组评30%,师评50%)				

任务5 液压吊车支腿伸缩缸锁紧回路安装与调试

◎ **任务说明**

液压吊车在工作过程中,要求支腿伸缩缸停止在某一位置而不受外界影响,仅依靠换向阀是不能保证的,这时就要利用液控单向阀来控制液压油的流动,从而可靠地使支腿停在某处而不受外界影响,这就需要安装满足此控制要求的液压锁紧回路。图1-45所示为液压吊车支腿。

◎ **任务要求**

● 熟悉液压实验台的使用方法。
● 根据项目要求,设计锁紧回路。
● 选择相应元器件,在实验台上合理布置各元器件的位置,用油管连接各元器件,检查回路的功能是否正确。
● 观察运行情况,分析并解决使用中遇到的问题。
● 完成实验并经老师检查评估后,关闭油泵,拆下管线,将元件放回原位。

图1-45　液压吊车支腿

◎ 资讯

一、单向阀

单向阀分为普通单向阀和液控单向阀。

1. 普通单向阀

普通单向阀简称单向阀,只允许油液向一个方向流动,而不允许反向流动。单向阀结构如图 1-46 所示,图(a)为管式连接,图(b)为板式连接,图(c)为单向阀的图形符号。单向阀由阀体 1、阀芯 2、弹簧 3 等零件组成。当压力油从 P_1 口进入时,克服弹簧 3 的阻力和阀芯 2 与阀体 1 之间的摩擦力,推动阀芯右移,顶开阀芯 2,再从 P_2 口流出。当压力油从反向流入时,油液压力和弹簧力将阀芯压紧在阀座上,阀口关闭,油液不能通过。

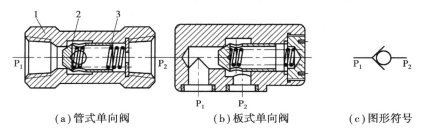

(a)管式单向阀   (b)板式单向阀   (c)图形符号

图 1-46 单向阀

1—阀体;2—阀芯;3—弹簧

单向阀中弹簧较软,主要用于克服阀芯上的惯性力和摩擦力,使阀芯复位快、工作灵敏可靠。其开启压力一般为 0.035 ~ 0.1 MPa。若将单向阀作为背压阀使用,弹簧要换为硬弹簧,其背压力一般为 0.2 ~ 0.6 MPa。

2. 液控单向阀

液控单向阀的特点是允许油液正向导通,而反向则受控导通。图 1-47(a)为液控单向阀的结构。当控制油口 K 不通压力油时,油液只能从 P_1 流向 P_2 口,不能反向流动,此时阀的作用与普通单向阀相同;当控制口 K 通压力油时,控制活塞 1 右侧油腔通泄油口,压力油推动控制活塞 1 并通过顶杆 2 使阀芯 3 右移,使油口 P_1 与 P_2 相通,油液双向都能自由通过。图 1-47(b)为液控单向阀的图形符号。一般控制油的压力不应低于主油路压力的 30% ~ 50%。

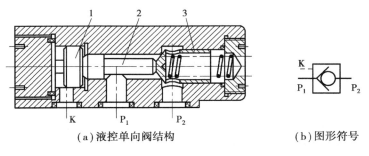

(a)液控单向阀结构   (b)图形符号

图 1-47 液控单向阀

1—控制活塞;2—顶杆;3—阀芯

3. 单向阀的应用

①普通单向阀安装在液压泵的出口上,防止油液倒流而损坏液压泵,如图 1-48 所示。

②普通单向阀与其他阀组合成复合阀,完成油液的双向流动,如图 1-49 所示。

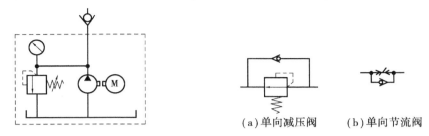

图 1-48　单向阀安装在泵的出口上　　　　图 1-49　单向阀与其他阀的组合

(a)单向减压阀　　(b)单向节流阀

③普通单向阀安装在回油路上作背压阀,提高系统运动的稳定性。

④液控单向阀实现液压缸保压,如图 1-50 所示。

⑤利用液控单向阀锁紧液压缸,如图 1-51 所示。

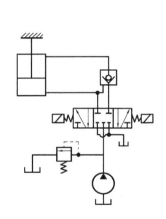

图 1-50　液控单向阀实现液压缸保压

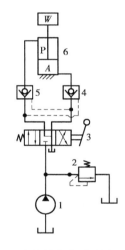

图 1-51　液控单向阀实现液压缸锁紧

二、锁紧回路

闭锁回路又称锁紧回路,其作用是使执行元件能在任意位置上停止,并防止停止后在外力作用下移动位置。闭锁回路的作用是将执行元件的进、回油路封闭,常用的有以下两种:

1. 采用"O"形或"M"形滑阀机能三位换向阀的闭锁回路

图 1-52(a)为采用三位四通滑阀 O 形中位机能的电磁换向阀实现闭锁,当两电磁铁均断电时,弹簧使阀芯处于中间位置,液压缸的两工作油口被封闭。由于液压缸两腔都充满油液,而油液又是不可压缩的,所以向左或向右的外力均不能使活塞移动,活塞被双向锁紧。图 1-52(b)为采用三位四通 M 形滑阀机能的电液动换向阀,具有相同的锁紧功能。不同的是前者液压泵不卸荷,并联的其他执行元件运动不受影响,后者的液压泵卸荷。

这种闭锁回路可使活塞在行程范围内的任意位置上停止运动,结构简单,但因滑阀密封性差,内泄漏较大,所以闭锁效果较差。只能用于对锁紧性能要求不高,停留时间不长的液压系统中。

2.采用液控单向阀的闭锁回路

图1-52(c)所示为采用液控单向阀的闭锁回路。在液压缸的进、回油路上串接液控单向阀 A,B,当两侧电磁铁断电,换向阀处于中间位置时,液压泵卸荷,输出油液经换向阀回油箱,由于系统无压力,液控单向阀 A 和 B 反向截止,液压缸左右两腔的油液均不能流动,活塞被双向闭锁。当左侧电磁铁通电,换向阀左位工作,压力油经液控单向阀 A 进入液压缸左腔,同时沿控制油路进入液控单向阀 B 的控制油口,使其反向导通。液压缸右腔的油液可经单向阀 B 及换向阀回油

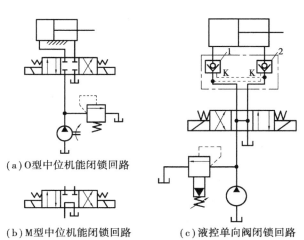

(a)O型中位机能闭锁回路

(b)M型中位机能闭锁回路

(c)液控单向阀闭锁回路

图1-52　锁紧回路

箱,活塞向右运动。当右侧电磁铁通电时,换向阀右位工作,活塞向左运动。锁紧回路采用 H 形或 Y 形中位机能的三位换向阀锁紧效果比较好。此锁紧回路主要用于汽车起重机、泵车、轮式挖掘机等设备的支腿油路中。

这种闭锁回路液控单向阀有良好的密封性,闭锁效果较好,活塞可以在行程中的任意位置停止并锁紧。它被广泛应用于工程机械、起重运输机械等有锁紧要求的场合。

◎ **计划、决策**

1.设计方案

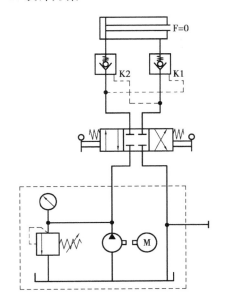

图1-53　液压吊车大臂伸缩缸锁紧回路原理图

用两个液控单向阀和三位四通换向阀组成锁紧回路。当三位四通换向阀处于中位时,两个液控单向阀立即关闭,使活塞能长时间被紧锁在停止时的位置。

2.液压回路原理图

锁紧回路原理图如图1-53 所示。

◎ **实施**

组装步骤如下:

①读懂控制回路图,并在 FliudSIM 仿真软件中进行仿真。仿真通过,才能实训;

②选择相应元器件,在实验台合理布置各元器件的位置,用油管连接各元器件,检查回路的功能是否正确;

③观察运行情况,分析并解决使用中遇到的问题;

④完成实验并经老师检查评估后,关闭油泵,拆下管线,将元件放回原位。

◎ **检查评价**

表 1-12　任务 5 检查评价表

考核内容		自　评	组长评价	教师评价
		达到标准画√,没达到标准画×		
作业完成	1. 按时完成任务	□	□	□
	2. 内容正确	□	□	□
	3. 字迹工整,整洁美观	□	□	□
操作过程	**液压回路设计:**			
	1. 正确设计液压换向回路	□	□	□
	2. 通过液压换向回路仿真	□	□	□
	3. 正确选择液压元件	□	□	□
	4. 合理布置液压元件	□	□	□
	5. 可靠连接各油口	□	□	□
	调试:			
	1. 正确启动液压泵	□	□	□
	2. 正确调整系统的工作压力范围	□	□	□
	3. 正确实现液压缸锁紧	□	□	□
	4. 正确使用测试仪器、设备	□	□	□
	5. 找到故障点并正确解决问题	□	□	□
工作态度	1. 不旷课	□	□	□
	2. 不迟到,不早退	□	□	□
	3. 学习积极性高	□	□	□
	4. 学习认真,虚心好学	□	□	□
职业操守	1. 安全、文明工作	□	□	□
	2. 具有良好的职业操守	□	□	□
团队合作	1. 服从组长的工作安排	□	□	□
	2. 按时完成组长分配的任务	□	□	□
	3. 热心帮助小组其他成员	□	□	□
项目完成	1. 液压回路设计、连接正确	□	□	□
	2. 调试完成	□	□	□

续表

考核内容		自　评	组长评价	教师评价
		达到标准画√,没达到标准画×		
项目报告	1. 报告书规范、排版好	□	□	□
	2. 结构完整,内容翔实	□	□	□
	3. 能将任务的设计过程及结果完整展现	□	□	□
评价等级				
项目最终评价(自评20%,组评30%,师评50%)				

◎ 知识拓展

一、油箱的功用和结构

油箱的主要功能是储存油液,此外,还有散热(以控制油温)、阻止杂质进入、沉淀油中杂质、分离气泡等功能。

1. 油箱形式

油箱可分为开式和闭式两种,开式油箱中油的油液面和大气相通,而闭式油箱中的油液面和大气隔绝。液压系统中大多采用开式油箱。

2. 油箱结构

开式油箱大部分是由钢板焊接而成的,图 1-54 所示为工业上使用的典型焊接式油箱。

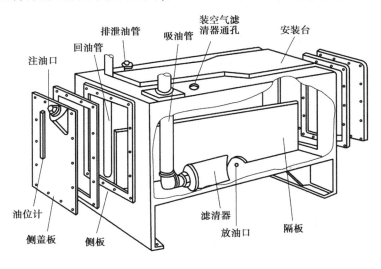

图 1-54　焊接油箱结构

3. 隔板及配管的安装位置

隔板装在吸油侧和回油侧之间, 如图 1-55 所示,以起沉淀杂质、分离气泡及散热的作用。

51

4.附设装置

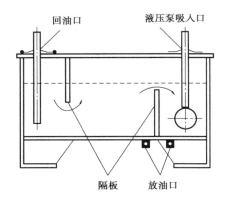

图 1-55　油箱中隔板的位置

为了监测液面,油箱侧壁应装油面指示计。为了检测油温,一般在油箱上装温度计,且温度计直接浸入油中。在油箱上亦装有压力计,可用以指示泵的工作压力。

二、滤油器

滤油器作为液压系统不可少的辅助元件,其功用是过滤混在油液中的杂质,降低进入系统中油液的污染度,保证系统正常工作。

1.滤油器类型

滤油器按其滤芯材料的过滤机制来分,有表面型滤油器、深度型滤油器、吸附型滤油 3 种。常见的滤油器式样及其特点如表 1-13 所列。

表 1-13　常见的滤油器及其特点

类　型	名称及结构简图	特点说明
网式过滤器	1—上端盖；2—滤网；3—骨架；4—下端盖	1.过滤精度与铜丝网层数及网孔大小有关。有压力管路上常用 100,150,200 目(每英寸长度上孔数)的铜丝网,在液压泵吸油管路上常采用 20~40 目铜丝网 2.压力损失不超过 0.004 MPa 3.结构简单,通流能力大,清洗方便,但过滤精度低
线隙式过滤器	1—端盖；2—壳体；3—骨架；4—金属绕线	1.滤芯由绕在芯架上的一层金属线组成,依靠线间隙微小间隙来挡住油液中杂质的通过 2.压力缺失为 0.03~0.06 MPa 3.结构简单,通流能力大,过滤精度高,但滤心材料强度低,不易清洗 4.用于低压管道中,当用在液压泵吸油管上时,它的流量规格宜选得比泵大

续表

类型	名称及结构简图	特点说明
纸芯式过滤器	A—A 1 2 A a A 1—纸芯；2—骨架	1. 结构与线隙式相同，但滤芯为平纹或波纹的酚醛树脂或木浆微孔滤纸制成的纸芯。为了增大过滤面积，纸芯常制成折叠形 2. 压力损失为 0.01～0.04 MPa 3. 过滤精度高，但堵塞后无法清洗，必须更换纸芯 4. 通常用于精过滤

2. 滤油器的职能符号

滤油器的职能符号如图 1-56 所示。图(a)为过滤器的一般符号，图(b)为磁芯过滤器的符号，(c)图为污染提示过滤器的符号。

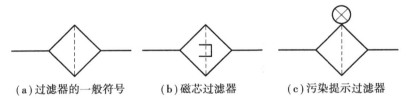

(a)过滤器的一般符号　(b)磁芯过滤器　(c)污染提示过滤器

图 1-56　滤油器的职能符号图

3. 滤油器的选用

滤油器按过滤精度不同分为粗过滤器、普通过滤器、精密过滤器和特精过滤器 4 种，它们分别能滤去大于 100 μm，10～100 μm，5～10 μm 和 1～5 μm 大小的杂质。

4. 滤油器的安装

滤油器在液压系统中的安装位置通常有以下 4 种：

①安装在泵的吸油口处。如图 1-57 中 1 所示，泵的吸油路上一般都安装有表面型滤油器。

②安装在压力油路上。如图 1-57 中 2 所示精滤油器可用来滤除可能侵入阀类等元件的污染物。

③安装在系统的回油路上。如图 1-57 中 3,4 所示，这种安装起间接过滤作用。一般与过滤器并联安装一背压阀，当过滤器堵塞达到一定压力值时，背压阀打开。

④安装在专门的滤油回路中。如图 1-57 中 5 所示。

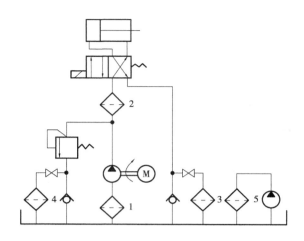

图 1-57　滤油器的安装位置

三、油管和管接头

1. 油管

液压系统中使用的油管种类很多,有钢管、铜管、尼龙管、塑料管、橡胶管等,须按照安装位置、工作环境和工作压力来正确选用。油管的特点及其适用范围如表 1-14 所列。

表 1-14　液压系统中使用的油管

种　类		特点和适用场合
硬管	钢管	能承受高压,价格低廉,耐油,抗腐蚀,刚性好,但装配时不能任意弯曲,常在装拆方便处用作压力管道,中、高压用无缝管,低压用焊接管等
	紫铜管	易弯曲成各种形状,但承压能力一般不超过 6.5 ~ 10 MPa,抗振能力较弱,又易使油氧化;通常用在液压装置内配接不便之处
908908 软管	尼龙管	乳白色半透明,加热后可以随意弯曲成形或扩口,冷却后又能定形,承压能力因材质而异,2.5 ~ 8 MPa 不等
	塑料管	质轻耐油,价格便宜,装配方便,但承压能力低,长期使用全变质老化,只宜用作压力低于 0.5 MPa 的回油管、泄油管等
	橡胶管	高压管由耐油橡胶夹几层钢丝编织网制成,钢丝网层数越多,耐压越高,价格越昂贵,用作中、高压系统中两个相对运动件之间的压力管道;低压管由耐油橡胶夹帆布制成,可用作回油管道

2. 管接头

管接头是油管与油管、油管与液压件之间的可拆装连接件。它必须具有外形尺寸小、通流能力大、压力损失小、装拆方便、连接牢固、密封可靠、工艺性好等特点。管接头的种类很多,其规格品种可查阅有关手册。常见的管接头如下:

(1)硬管接头

按管接头和管道的连接方式分,有扩口式管接头、卡套式管接头和焊接式管接头 3 种。图 1-58(a)所示为扩口式管接头,图 1-58(b) 所示为卡套式管接头,图 1-58(c)、图 1-58(d)所示为焊接式管接头。

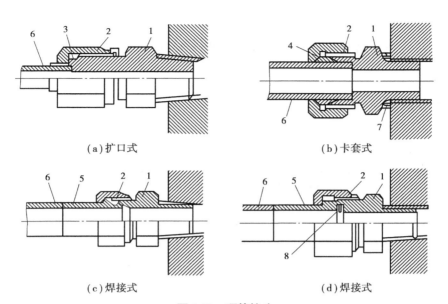

（a）扩口式　　　　　　　　　　（b）卡套式

（c）焊接式　　　　　　　　　　（d）焊接式

图 1-58　硬管接头

1—接头体；2—接头螺母；3—管套；4—卡套；5—接管；6—管子；
7—组合密封垫圈；8—O 形密封圈

（2）胶管接头

胶管接头有可拆式和扣压式两种，各有 A，B 和 C 3 种类型，随管径不同可用于工作压力在 6～40 MPa 的系统。如图 1-59 所示为 A 型扣压式胶管接头，装配时须剥离外胶层，然后在专门设备上扣压而成。

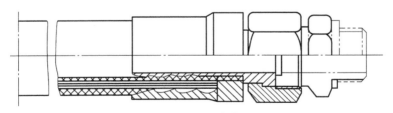

图 1-59　扣压式胶管接头

（3）快速接头

快速接头的全称为快速装拆管接头，它的装拆无须工具，适用于需经常装拆处。图 1-60 所示为油路接通的工作位置。

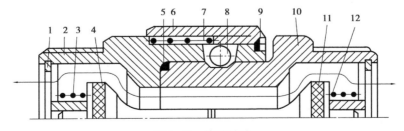

图 1-60　快速接头

1,9—卡环；2—插座；3,7,12—弹簧；4,11—单向阀；5—密封圈；6—外套；8—钢球；10—接头体

任务6 压锻机调压回路的安装与调试

◎ **任务说明**

压锻机在工作时需要克服很大的材料变形阻力，需要液压系统主供油路中的液压油提供稳定的工作压力，同时为了保证系统安全，还必须在过载时能有效地卸荷。在液压系统中，能有效控制系统压力的压力控制阀常用的有溢流阀、减压阀和顺序阀等。它们的共同特点就是利用作用于阀芯上的油液压力和弹簧力相平衡的原理进行工作。其中溢流阀的主要作用就是稳压和卸荷，完成此压锻机调压回路的构建。图1-61所示为压锻机。

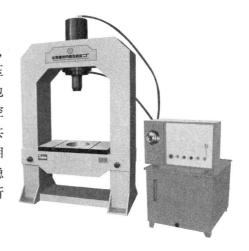

图1-61 压锻机

◎ **任务要求**

* 能看懂调压回路图，并能正确选用元器件。
* 能根据调压回路图在计算机上进行仿真。
* 能在工作台上根据回路图合理布置元器件。
* 能用油管正确连接元器件的各油口，并根据回路图检查已连接好的回路。
* 会启动液压泵，观察压力表上显示的系统压力值。
* 能用溢流阀调节手柄调节系统压力。

◎ **资讯**

在液压系统中，用来控制油液压力高低或利用压力信号控制其他元件产生动作的阀通称为压力控制阀。压力控制阀有溢流阀、减压阀、顺序阀和压力继电器等。

一、溢流阀

1. 溢流阀的结构和工作原理

溢流阀的主要作用是通过其阀口的溢流，使被控回路的压力维持恒定，从而实现稳压、调压或限压的作用。溢流阀按其结构原理分为直动型溢流阀和先导型溢流阀。

（1）直动型溢流阀

图1-62所示为锥阀式直动型溢流阀。当进油口P从系统接入的油液压力不高时，锥阀芯2被弹簧3紧压在阀座孔上，阀口关闭；当进口油液压力升高到能克服弹簧阻力时，便推开锥阀芯使阀口打开，油液就由进油口P流入，再从回油口T流回油箱（称为溢流），进油压力也就不再继续升高。在溢流时，溢流量随阀口的开大而增加，但溢流阀进口处的压力基本保持为定值，因此可认为溢流阀在溢流时具有稳压功能。拧动调压螺钉4改变弹簧的预压缩量，便可调整溢流阀的溢流压力。

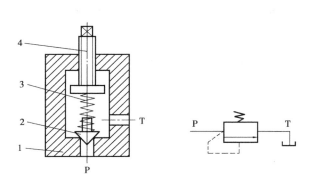

(a)结构图　　　　　　　　(b)图形符号

图 1-62　直动型溢流阀

1—阀体;2—锥阀体;3—弹簧;4—调压螺钉

（2）先导型溢流阀

先导型溢流阀的结构如图 1-63 所示,由先导阀和主阀两部分组成。先导阀实际上就是一个小流量的直动型溢流阀,其阀芯为锥形;主阀芯端部为锥形,且开有一个阻尼孔 R。当压力油从进油口 P 进入,经阻尼孔 R 后到主阀弹簧腔并作用在先导阀锥阀芯的右侧(此时外控口 K 是堵塞的)。当进油压力不高时,作用在先导阀锥阀芯上的液压力不能克服先导阀的弹簧力,先导阀阀口关闭,阀内部无油液流动。这时主阀芯因上下腔油压相同,故主阀芯在其弹簧作用下压紧阀座,主阀口也关闭。当进油口压力升高到先导阀弹簧预调压力时,先导阀阀口打开,主阀弹簧腔的油液经过先导阀阀口,并经阀体上的通道和回油口 T 流回油箱。此时,因液流经过主阀上阻尼孔 R 产生的压力损失使主阀芯上下形成了压力差。主阀芯在此压力差的作用下克服弹簧阻力(此主阀芯弹簧较软,仅起复位作用)向上移动,使阀口打开,进、回油口连通,达到稳压溢流的目的。调节先导阀的弹簧预压缩量(即调节调节螺钉),便可调节溢流压力。

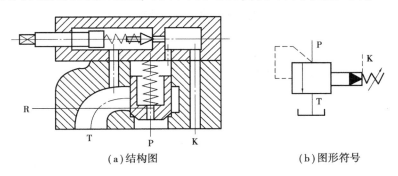

(a)结构图　　　　　　　　(b)图形符号

图 1-63　先导型溢流阀

先导型溢流阀的总溢流量包括经先导阀阀口的流量(即流过阻尼孔的流量)和经主阀口的流量两部分组成,其中,由于阻尼孔很细,经过先导阀的流量很小,而绝大部分溢流量经主阀口流回油箱。在先导型溢流阀中,先导阀起控制和调节压力的作用,主阀起溢流作用。

由于先导阀的阀口直径较小,即便在压力较高的情况下,作用在锥阀芯上的液压力也不大,因此调压弹簧刚度也不必很大,调整压力时也就比较轻便。主阀芯因上下均受油压作用,主阀弹簧只需很小的刚度。当溢流量变化较大时,主阀口变大变小引起的弹簧力变化很小,进油口的压力变化不大,因此先导型溢流阀的稳压性能优于直动型溢流阀。但由于先导型溢流阀是二级阀,故其灵敏度低于直动型溢流阀。先导型溢流阀适用于中、高压的液压系统。

2.溢流阀的功用

溢流阀在液压系统中的功用主要有两个方面:

(1)溢流稳压

在定量泵供油的液压系统中,溢流阀通常并联在泵的出口处,如图1-64(a)所示。泵供油的一部分按速度要求由流量阀调节流往执行元件,多余油液通过溢流阀流回油箱,同时在溢流的同时稳定了泵的供油压力。

(2)过载保护

变量泵供油的液压系统中,如图1-64(b)所示,执行元件速度由变量泵调节,泵的供油压力可随负载变化,不需稳压。在泵出口处并联一溢流阀,其调定压力设为系统最高工作压力的1.1倍。系统一旦过载,溢流阀立即打开,从而保证了系统的安全。起过载保护作用的溢流阀又称安全阀。

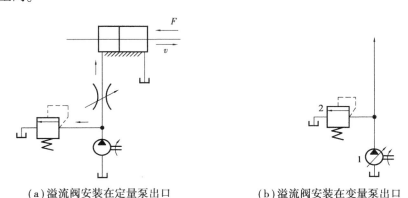

(a)溢流阀安装在定量泵出口   (b)溢流阀安装在变量泵出口

图1-64　溢流阀的功用

二、调压回路

调压回路的功能是使液压系统的压力保持恒定或不超过某一数值。在定量泵系统中,液压泵的供油压力可以通过溢流阀来调节;在变量泵系统中,用安全阀来限定系统最高压力。液压系统在不同工作阶段需要两种以上不同大小的压力时,可采用多级调压回路。

1.单级调压回路

如图1-65(a)所示的定量泵系统中,液压泵输出油液的流量除满足系统工作用油量和补偿系统泄漏外,还有油液经溢流阀流回油箱。调节溢流阀便可调节泵的供油压力。溢流阀的调定压力必须大于液压缸的最大工作压力和油路上各种压力损失的总和。

2.二级调压回路

如图1-65(b)所示的调压回路,可实现两种不同的压力控制。当电磁阀断电时(图示状态),系统压力由阀1调节,电磁阀通电后,系统压力由阀2调节。但要注意,阀2的调定压力一定要小于阀1的调定压力。

3.多级调压回路

图1-65(c)所示为三级调压回路。当两电磁铁均不带电时,系统压力由阀1调定;当1YA通电时,由阀2调定系统压力;当2YA通电时,系统压力由阀3调定。但要注意,阀2和阀3

的调定压力一定要小于阀 *1* 的调定压力,而阀 2 和阀 3 的调定压力之间没有一定的关系。

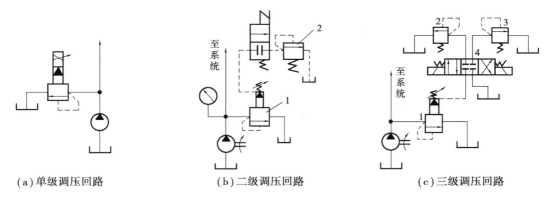

（a）单级调压回路　　　　　　（b）二级调压回路　　　　　　（c）三级调压回路

图 1-65　溢流阀调压回路

4.变量泵的调压回路

如图 1-66 所示,采用非限压式变量泵 1 时,系统的最高压力由安全阀 2 限定。采用限压式变量泵时,系统的最高压力由泵调节,其值为泵处于无流量输出时的压力值。

◎ **计划、决策**

1.方案

压锻机工作时,主供油回路主要解决的是向整个系统提供稳定压力的液压油及防止系统过载,故采用由溢流阀组成的单级调压回路即可满足要求。选用单向定量泵和直动式溢流阀组成的调压回路。

2.调压回路原理图

调压回路原理如图 1-67 所示。

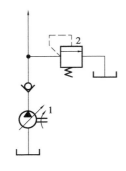

图 1-66　用变量泵的调压回路

1—变量泵;2—安全阀

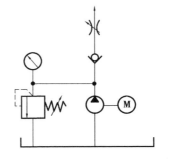

图 1-67　调压回路原理图

◎ **实施**

组装步骤如下:

①正确选择溢流阀;

②根据任务要求分析压力控制回路;

③选择相应元器件在实验台上组建回路,并检查回路的功能是否正确;

④观察运行情况,对使用中遇到的问题进行分析和解决。

◎ **检查、评价**

表 1-15　任务 6 检查评价表

考核内容		自　评	组长评价	教师评价
		达到标准画√,没达到标准画 ×		
作业完成	1. 按时完成任务	☐	☐	☐
	2. 内容正确	☐	☐	☐
	3. 字迹工整,整洁美观	☐	☐	☐
操作过程	**液压回路设计:**			
	1. 正确设计调压回路	☐	☐	☐
	2. 正确选择液压元件	☐	☐	☐
	3. 合理布置液压元件	☐	☐	☐
	4. 可靠连接各油口	☐	☐	☐
	调试:			
	1. 正确启动液压泵	☐	☐	☐
	2. 正确调整系统的工作压力范围	☐	☐	☐
	3. 正确使用测试仪器、设备	☐	☐	☐
工作态度	1. 不旷课	☐	☐	☐
	2. 不迟到,不早退	☐	☐	☐
	3. 学习积极性高	☐	☐	☐
	4. 学习认真,虚心好学	☐	☐	☐
职业操守	1. 安全、文明工作	☐	☐	☐
	2. 具有良好的职业操守	☐	☐	☐
团队合作	1. 服从组长的工作安排	☐	☐	☐
	2. 按时完成组长分配的任务	☐	☐	☐
	3. 热心帮助小组其他成员	☐	☐	☐
项目完成	1. 液压回路设计、连接正确	☐	☐	☐
	2. 调试完成	☐	☐	☐
评价等级				
项目最终评价(自评 20%,组评 30%,师评 50%)				

◎ **知识拓展**

一、蓄能器

蓄能器是液压系统中一个重要的部件,对液压系统的经济性、安全性和可靠性都有极其重要的影响。

1. 常用蓄能器的种类和特点

蓄能器按其储存能量的方式不同分为重力加载式(重锤式)、弹簧加载式(弹簧式)和气体加载式。气体加载式又分为非隔离式(气瓶式)和隔离式,而隔离式包括活塞式、气囊式和隔膜式等。它们的结构简图和特点如表 1-16 所列。

表 1-16　常用蓄能器的种类和特点

种　类	结　　构	特　　点
重锤式	 (a)输入孔；(b)输出孔 1—重物；2—柱塞；3—油液	1. 利用重物的位置变化来存储和释放能量； 2. 结构简单，压力稳定，但容量小、体积大，反应不灵敏，容易泄流； 3. 目前只适用于少数大型固定设备的液压系统
弹簧式	 1—弹簧；2—活塞；3—液压油	1. 利用弹簧的伸缩来存储和释放能量； 2. 结构简单，反应灵敏，但容量小、承压较低； 3. 液压油的压力取决于弹簧的预紧力和活塞的面积，由于弹簧伸缩时弹簧力发生变化，油压也发生变化，为了减少这种变化，弹簧的刚度不可太大，限制了蓄能器的工作压力，用于低压小流量的系统
气囊式	 1—充气阀；2—气囊；3—壳体；4—限位阀	1. 利用气体的压缩和膨胀来存储、释放压力能(气体和油液由蓄能器中的气囊隔开)； 2. 容量大，惯性小，反应灵敏，轮廓尺寸小，但气囊与壳体制造困难
活塞式		1. 利用气体的压缩和膨胀来存储、释放压力能(气体在蓄能器中由活塞隔开)； 2. 结构简单，工作可靠，容易安装，维护方便，但活塞惯性大，活塞和缸壁之间有摩擦，反应不够灵敏，密封要求高； 3. 用于存储能量和供中高压系统吸收压力脉动用

2. 蓄能器的用途

蓄能器的功用主要是储存油液多余的压力能,并在需要时释放出来。在液压系统中蓄能器常用在以下方面:

（1）作辅助动力源,用于存储能量和短期大量供油

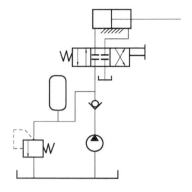

若液压系统的执行元件在一个工作循环内运动速度相差较大,在系统不需大量油液时,可以把液压泵输出的多余压力油储存在蓄能器内,短时间需要时再由蓄能器快速释放给系统。可在液压系统中设置蓄能器,这样选择液压泵时可选用流量等于循环周期内平均流量的液压泵,以减小电动机功率消耗,降低系统温升。如图 1-68 所示,液压缸停止运动后,系统压力上升,压力油进入蓄能器存储能量。当换向阀切换,使液压缸快速运动时,系统压力降低,此时,蓄能器中的压力油排放出来与液压泵同时向系统供油。

图 1-68　蓄能器用于存储能量

（2）维持系统压力

在液压泵停止向系统提供油液的情况下,蓄能器能把储存的压力油供给系统,补偿系统泄漏或充当应急能源,使系统在一段时间内维持系统压力。如图 1-69 所示,夹紧工件后,液压泵压力达到系统最高工作压力时,液压泵卸荷,此时液压缸依靠蓄能器来保持压力并补偿泄漏,保持恒压,以保证工件的可靠夹紧,从而减少功率损耗。

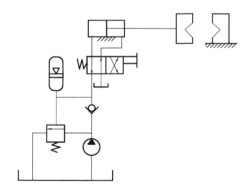

图 1-69　蓄能器用于系统保压和补偿泄露

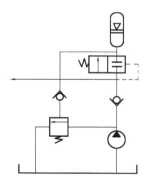

图 1-70　蓄能器用作应急油源

（3）作应急油源

液压设备在工作时遇到特殊情况,如泵故障或者停电等,执行元件应能继续完成必要的动作以紧急避险、保证安全。因此要求在液压系统中设置适当容量的蓄能器作为紧急动力源,避免油源突然中断所造成的机件损坏。图 1-70 所示为蓄能器作为应急油源的回路。

（4）缓和液压冲击

如图 1-71 所示,由于液压缸停止运动、换向阀的突然换向或关闭、液压泵的突然停转、执行元件运动的突然停止等原因,液压系统管路内的液体流动会发生急剧变化,产生液压冲击。因这类液压冲击大多发生于瞬间,液压系统中的安全阀来不及开启,因此常常造成液压系统中的仪表、密封损坏或管道破裂。若在冲击源的前端管路安装蓄能器,则可以缓和这种液压冲击。

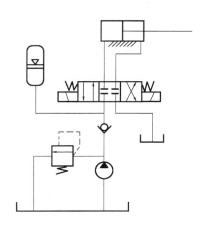

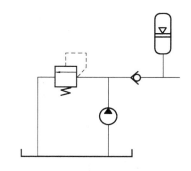

图1-71　蓄能器用于缓和液压冲击　　　图1-72　蓄能器用于吸收脉动降低噪声

（5）吸收脉动,降低噪声

如图1-72所示,液压泵的流量脉动会使执行元件速度不均匀,引起系统压力脉动导致振动和噪声。因此,通常在液压泵的出口处安装蓄能器吸收脉动、降低噪声,减少因振动损坏仪表和管接头等元件。

二、压力表

1.压力表的功用

压力表用于观察液压系统中各工作点(如液压泵出口、减压阀之后等)的压力,以便工作人员把系统的压力调整到要求的工作压力。

2.压力表的类型

压力表的种类很多,最常用的是弹簧管式压力表,如图1-73(a)所示。当压力油进入弹簧弯管1时,弯管变形而使其曲率半径加大,端部的位移通过杠杆4使齿扇5摆动。于是与齿扇5啮合的小齿轮6带动指针2转动,此时就可在刻度盘3上读出压力值。图1-73(b)所示为压力表的图形符号。

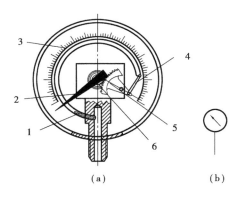

图1-73　压力表

1—弯管;2—指针;3—刻度盘;4—杠杆;5—齿扇;6—小齿轮

压力表精度等级的数值是压力表最大误差占量程(压力表的测量范围)的百分数。一般机床上的压力表用2.5～4级精度即可。选用压力表时,一般取系统压力为量程的2/3～3/4

（系统最高压力不应超过压力表量程的3/4），压力表必须直立安装。为了防止压力冲击损坏压力表，常在压力表的通道上设置阻尼小孔。

任务7　液压钻床液压回路安装与调试

◎ **任务说明**

要控制液压缸 A 的夹紧力，就要求输入端的液压油压力能够随输出端的压力降低而自动减小，实现这一功能的液压元件就是减压阀。此外，系统还要求液压缸 B 必须在液压缸 A 夹紧力达到规定值时才能动作。把缸 A 的压力作为控制缸 B 动作的信号，这在液压系统中可以使用顺序阀。顺序阀通过压力信号来接通和断开液压回路，从而达到控制执行元件动作的目的。要达到这一要求，需设计压力控制回路。图 1-74 所示为液压钻床。

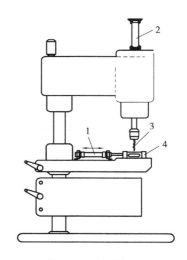

图 1-74　液压钻床
1—缸 A；2—缸 B；3—钻头；4—工件

◎ **任务要求**

* 根据任务要求绘制压力控制回路；选择相应元器件在实验台上组建并检查回路的功能是否正确。
* 检查各油口连接情况后，启动液压泵观察压力表显示系统压力值。
* 调节顺序阀调压手柄，观察执行元件运动顺序。

◎ **资讯**

一、减压阀与减压回路

1. 减压阀

（1）减压阀的功用和分类

减压阀的功用是降压和稳压。在一个液压系统中，往往一个液压泵同时向几个执行元件供油，而各执行元件所需的工作压力不尽相同。一般情况下，液压泵的工作压力依据系统各执行元件中需要压力最高的那个执行元件的压力来选择。若某个执行元件所需的工作压力比液压泵的供油压力低，则可以在其分支油路上串联一个减压阀，将系统压力按规定的要求减小，并保持稳定。

根据结构和工作原理不同，减压阀分为直动式减压阀和先导式减压阀两类。按照压力调节要求的不同，减压阀分为 3 类：

①定值减压阀——保证出口压力值恒定的减压阀。

②定差减压阀——保证进口、出口压力差恒定的减压阀。

③定比减压阀——保证进口、出口压力成比例恒定的减压阀。

其中定值减压阀应用最为广泛，所以又简称减压阀。在下面的内容中，如果不加说明，减压阀都是指定值减压阀。

（2）减压阀的结构和工作原理

减压阀利用液体流过狭小的缝隙产生压力损失，使其出口压力低于进口压力。

①直动式减压阀。

图 1-75 所示为直动式减压阀的结构图和图形符号。当阀芯处在原始位置上时，它的阀口 a 是打开的，阀的进、出口沟通。阀芯受其出口处的压力控制。当出口压力未达到调定压力时，阀口全开，阀芯不动。当出口压力达到调定压力时，阀芯上移，阀口开度 x_R 关小。如忽略其他阻力，仅考虑阀芯上的液压力和弹簧力相平衡的条件，则可以认为出口压力基本上维持在某一定值上。当出口压力减小时，阀芯下移，阀口开度 x_R 增大，阀口处阻力减小，压降减小，使出口压力回升，达到调定值。反之，如果出口压力增大，则阀芯上移，阀口开度关小，阀口处阻力加大，压降增大，使出口压力下降，达到调定值。

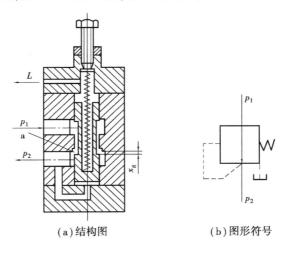

（a）结构图　　　　　（b）图形符号

图 1-75　直动式减压阀的结构图和图形符号

②先导型减压阀。

图 1-76 所示为先导型减压阀，由主阀和先导阀组成。先导阀负责调定压力，主阀负责减压。

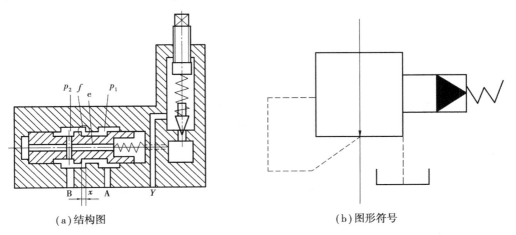

（a）结构图　　　　　（b）图形符号

图 1-76　先导式减压阀的结构图和图形符号

当负载增加,出口压力 p_2 上升到超过先导阀弹簧所调定的压力时,先导阀的锥阀芯上移,压力油经阻尼管 e、排泄口流回油箱,由于有油液流过阻尼管,油腔 2 的压力 p_2 大于油腔 1 的压力 p_1,当此压力差所产生的作用力大于主阀滑轴弹簧的预压力时,主阀芯右移,减小了减压阀阀口的开度,使 p_2 下降,直到 p_2 与 p_1 之差和滑轴作用面积的乘积同滑轴上的弹簧力相等时,主阀滑轴进入平衡状态,此时减压阀保持一定的开度,出口压力 p_2 保持在定值。

如果外界干扰使进口压力 p_1 上升,则出口压力 p_2 也跟着上升,从而使滑轴右移,此时出口压力 p_2 又降低,而在新的位置取得平衡,但出口压力始终保持为定值。又当出口压力 p_2 降到调定压力以下时,先导阀的锥阀芯关闭,则作用在滑轴内的弹簧力使滑轴向左移动,减压阀阀口全打开,减压阀不起减压作用。

2. 减压回路

减压回路的功用是使液压系统中的某一支路获得比主油路低的稳定工作压力。机床的工件夹紧、导轨润滑及控制油路常采用减压回路。

图 1-77(a)所示为常见的减压回路。泵的供油压力(即主油路压力)根据系统负载大小由溢流阀 1 调定,夹紧缸所需的低压力油则靠减压阀 2 来调节。单向阀 3 的作用是在主油路压力降低到小于减压阀调定压力时防止油液倒流,起短暂保压的作用。

图 1-77(b)所示为二级减压回路。它是在先导型减压阀 2 的遥控口上接一远程调压阀 5,此回路则可由阀 2、阀 5 各调得一种低压,但要注意,阀 3 的调定压力一定要小于阀 1 的调定压力。

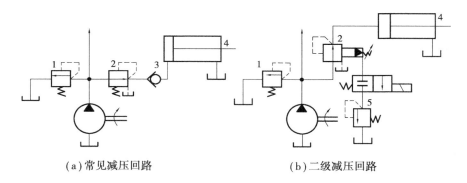

（a）常见减压回路　　　　　　　（b）二级减压回路

图 1-77　减压回路

1—溢流阀;2—减压阀;3—单向阀;4—液压缸;5—远程调压阀

二、顺序阀及其应用

顺序阀是利用液压系统中的压力自动接通或切断某油路的压力阀。顺序阀常用来控制液压系统各执行元件动作的先后顺序,故称为顺序阀。

顺序阀按结构不同,分为直动型和先导型;按控制液压油来源可分内控式、外控式。

1. 顺序阀的结构和工作原理

图 1-78 所示为一种直动型顺序阀的结构原理。压力油液自进油口 A 进入阀体,经阀体 4 和下盖 7 的小孔流入控制活塞 6 的下方,对阀芯 5 产生一个向上的液压推力。当进油压力较低时,阀芯在弹簧力作用下处于最下端位置,此时进油口 A 和出油口 B 不通。当进油压力升高到作用于阀芯底端的液压推力大于调定的弹簧力时,阀芯上移,使进油口 A 和出油口 B 相

通,压力油就从顺序阀流过。顺序阀的开启压力可以用调压螺钉1来调节。

在顺序阀结构中,当控制阀芯移动的液压油直接引自进油口时,这种控制方式称为内控式;若控制油不是来自于进油口,而是从外部油路引入,则这种控制方式称为外控式。当阀泄漏到弹簧腔的油液(称为泄油)直接引回油箱时,这种泄油方式称为外泄式;当阀用于出口接油箱的场合时,泄油可通过内部通道进入阀的出油口,以简化管路连接,这种泄油方式则称为内泄式。顺序阀不同控制、泄油方式的图形符号如图1-79所示。实际应用中,不同的控制、泄油方式可通过变换阀的下盖或上盖的安装方位来实现。

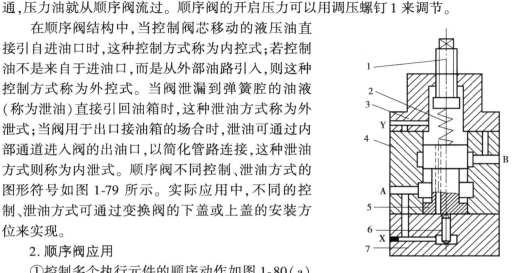

图1-78 直动型顺序阀
1—调压螺钉;2—弹簧;3—上盖;
4—阀体;5—阀芯;6—控制活塞;7—下盖

2.顺序阀应用

①控制多个执行元件的顺序动作如图1-80(a)所示,若要求A缸先动,B缸后动,通过顺序阀的控制可以实现。顺序阀在A缸进行动作时处于关闭状态,当A缸到达终点时,油液压力升高,达到顺序阀的调定压力后,顺序阀打开,从而实现B缸移动。

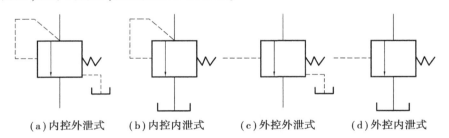

（a）内控外泄式 （b）内控内泄式 （c）外控外泄式 （d）外控内泄式

图1-79 顺序阀的图形符号

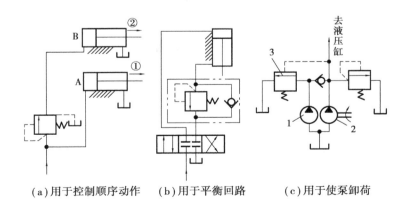

（a）用于控制顺序动作 （b）用于平衡回路 （c）用于使泵卸荷

图1-80 顺序阀的应用

②与单向阀组成平衡阀。为保证垂直安装的液压缸不因自重而自动下落,可将单向阀与顺序阀并联构成的单向顺序阀接入油路,如图1-80(b)所示。此单向顺序阀又称为平衡阀。这里,

顺序阀的开启压力要足以支撑运动部件的质量。当换向阀处于中位时,液压缸即可悬停。

③控制双泵系统中的大泵卸荷。如图1-80(c)所示,泵1为大流量泵,泵2为小流量泵,两泵并联。当系统液压缸快速运动时,泵1输出的油液和泵2输出的油液一起流往液压缸,使液压缸快速运动;当液压缸慢速工进时,缸进油路压力升高,外控式顺序阀3被打开,泵1即卸荷,泵2单独向系统供油以满足工进的流量要求。

◎ **计划、决策**

1. 方案

该回路通过顺序阀可以实现夹紧液压缸比主轴液压缸先伸出、主轴液压缸比夹紧液压缸先缩回。顺序阀的调整压力应比先动作液压缸的最高工作压力高(0.8 MPa左右),比系统中的溢流阀的调定压力低。选用单向定量泵和溢流阀组成的液压源,用单电控二位四通换向阀实现两个液压缸的换向。单向阀的作用是在回油时顺序阀不起作用。由于采用单电控换向阀,因此需设计简单控制电路图。调整减压阀,可调整夹紧液压缸的夹紧力。

2. 液压钻床液压回路原理图

液压钻床液压回路原理如图1-81所示。

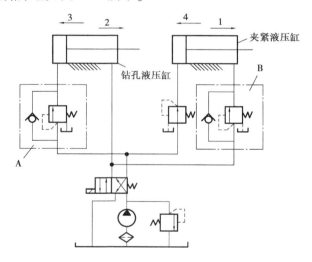

图1-81 液压钻床液压回路图

◎ **实施**

组装步骤如下:

①读懂液压回路图,根据液压回路原理图正确选择各液压元件。

②安装原理图,用选择的液压元件进行液压电气控制联合仿真。

③对照实验原理图在试验台上合理摆放各液压元件,并用油管连接各液压元件的油口。

④连接控制电路图。

⑤检查连接是否正确,确认无误后进入下一步。

⑥进行液压回路调试。

⑦先松开溢流阀,启动油泵,让泵空转1~2 min;慢慢调节溢流阀,使泵的出口压力调至

适当值。

⑧操纵控制面板检验:工作循环能否实现。若不能达到预定动作,检查各液压元件连接是否正确,各液压元件的调节是否合理,电气线路是否存在故障等。

◎ 检查、评价

表1-17 任务7检查评价表

考核内容		自 评	组长评价	教师评价
		达到标准画√,没达到标准画×		
作业完成	1. 按时完成任务	☐	☐	☐
	2. 内容正确	☐	☐	☐
	3. 字迹工整,整洁美观	☐	☐	☐
操作过程	**液压回路及控制电路设计:**			
	1. 正确设计液压换向回路	☐	☐	☐
	2. 正确设计控制电路	☐	☐	☐
	3. 通过电路和液压换向回路联合仿真	☐	☐	☐
	4. 正确选择液压元件	☐	☐	☐
	5. 合理布置液压元件	☐	☐	☐
	6. 可靠连接各油口	☐	☐	☐
	7. 正确选择控制电路各元件	☐	☐	☐
	8. 正确连接控制电路各元件	☐	☐	☐
	调试:			
	1. 正确启动液压泵	☐	☐	☐
	2. 正确调整系统的工作压力范围	☐	☐	☐
	3. 正确调整减压阀的压力	☐	☐	☐
	4. 正确调整顺序阀的开启压力	☐	☐	☐
工作态度	1. 不旷课	☐	☐	☐
	2. 不迟到,不早退	☐	☐	☐
	3. 学习积极性高	☐	☐	☐
	4. 学习认真,虚心好学	☐	☐	☐
职业操守	1. 安全、文明工作	☐	☐	☐
	2. 具有良好的职业操守	☐	☐	☐
团队合作	1. 服从组长的工作安排	☐	☐	☐
	2. 按时完成组长分配的任务	☐	☐	☐
	3. 热心帮助小组其他成员	☐	☐	☐

续表

考核内容		自　评	组长评价	教师评价
		达到标准划画,没达到标准协 ×		
项目完成	1. 液压回路设计、连接正确	□	□	□
	2. 控制电路设计、连接正确	□	□	□
	3. 联合调试完成	□	□	□
	4. 能将项目完成的安装流程、调试过程讲解清楚	□	□	□
	5. 语言流畅,思路清晰	□	□	□
	6. 回答问题正确	□	□	□
项目报告	1. 报告书规范、排版好	□	□	□
	2. 结构完整,内容翔实	□	□	□
	3. 能将任务的设计过程及结果完整展现	□	□	□
评价等级				
项目最终评价(自评20%,组评30%,师评50%)				

◎ **知识拓展**

一、增压回路

增压回路的作用是使局部油路或个别执行元件得到比主系统油压高得多的压力。当液压系统中的某一支路需要压力较高但流量小的压力油时,若采用高压泵则不经济,或者根本就没有这样高压力的液压泵,这时可以采用增压回路。采用增压回路可节省能源,而且工作可靠、噪声小。

1. 单作用增压缸的增压回路

图 1-82(a)所示为单作用增压回路。在图示位置工作时,系统的供油压力 p_1 进入增压缸的大活塞左腔,此时在小活塞右腔即可得到所需的较高压力 p_2。当二位四通电磁换向阀右位接入系统时,增压缸返回,辅助油箱中的油液经单向阀补入小活塞右腔。因该回路只能间断增压,所以称之为单作用增压回路。

2. 双作用增压缸的增压回路

图 1-82(b)所示为采用双作用增压缸的增压回路,能连续输出高压油。在图示位置时,液压泵输出的压力油经电磁换向阀 5 和单向阀 1 进入增压缸左端大、小活塞的左腔。大活塞右腔通油箱,右端小活塞右腔增压后的高压油经单向阀 4 输出,此时单向阀 2,3 被关闭。当增压缸活塞移到右端时,电磁换向阀通电换向,增压缸活塞向左移动,左端小活塞左腔输出的高压油经单向阀 3 输出。这样,增压缸的活塞不断往复运动,两端便交替输出高压油,从而实现了连续增压。

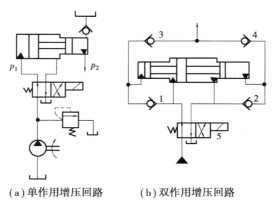

(a)单作用增压回路　　　(b)双作用增压回路

图 1-82　增压回路

1,2,3,4—单向阀;5—电磁换向阀

二、卸荷回路

卸荷回路的功用是在系统执行元件短暂停止工作期间,不关闭驱动液压泵的电动机,使液压泵在很小的输出功率下运转,以减小功率损耗,降低系统发热,延长液压泵和电动机的使用寿命。因为液压泵的输出功率为其流量和压力的乘积,因而两者任一近似为零,功率损耗即近似为零,因此液压泵的卸荷有流量卸荷和压力卸荷两种方法。流量卸荷用于变量泵,使泵仅为补偿内部泄漏而以最小流量运转,此方法简单,但泵处于高压状态,磨损较严重;压力卸荷的方法是使泵在零压或接近零压下运转。常见的压力卸荷回路有以下几种:

1.采用换向阀的卸荷回路

M,H 和 K 型中位机能的三位换向阀处于中位时,液压泵即卸荷,如图 1-83(a)所示。图 1-83(b)所示为采用二位二通换向阀旁路卸荷。这两种方法比较简单,但换向阀换向时压力冲击较大,仅适用于低压、小流量的场合。若将图 1-83(a)中的换向阀改为装有换向时间调节器的电液换向阀,则可用于流量较大的系统,并且卸荷效果较好。但此时应注意泵的出口或换向阀的回油口应设置背压阀,以便系统能重新启动。

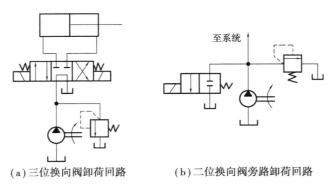

(a)三位换向阀卸荷回路　　　(b)二位换向阀旁路卸荷回路

图 1-83　卸荷回路

2.用电磁溢流阀的卸荷回路

图 1-84 所示的卸荷回路采用先导型溢流阀和流量规格较小的二位二通电磁阀组成一个电磁溢流阀。当电磁阀断电时,先导型溢流阀的遥控口接油箱,其主阀口全开,液压泵实现卸荷。

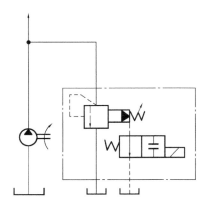

图1-84 电磁溢流阀卸荷回路

这种卸荷回路卸荷压力小,切换时冲击也小。

三、保压回路

有些机械设备在工作过程中,常常要求液压执行机构在其行程终止时,保持压力一段时间,这时须采用保压回路。所谓保压回路,就是在执行元件停止工作或仅有工件变形所产生的微小位移的情况下,使系统压力基本上保持不变。最简单的保压回路是使用密封性能较好的液控单向阀的回路,但是阀类元件的泄漏使得这种回路的保压时间不能维持太久。常用的保压回路有以下几种:

1. 利用液压泵的保压回路

在保压过程中,液压泵仍以较高的压力(保压所需压力)工作。此时,若采用定量泵则压力油几乎全经溢流阀流回油箱,系统功率损失大,发热严重,故只在小功率系统且保压时间较短的场合下使用。若采用限压式变量泵,在保压时泵的压力虽较高,但输出流量几乎等于零。因而系统的功率损失较小,且能随泄漏量的变化而自动调整输出流量,故其效率也较高。

2. 利用蓄能器的保压回路

如图1-85(a)所示,当三位四通电磁换向阀5左位接入工作时,液压缸6向右运动,例如压紧工件后,进油路压力升高至调定值,压力继电器3发出信号使二位二通电磁阀7通电,液压泵1卸荷,单向阀2自动关闭,液压缸则由蓄能器4保压。油压不足时,压力继电器复位使泵重新工作。保压时间的长短取决于蓄能器容量和压力继电器的通断调节区间,而压力继电器的通断调节区间决定了缸中压力的最高和最低值。图1-85(b)所示为多个执行元件系统中的保压回路,这种回路的支路需保压。液压泵1通过单向阀2向支路输油,当支路压力升高达到压力继电器3的调定值时,单向阀关闭,支路由蓄能器4保压并补偿泄漏,与此同时,压力继电器发出信号来控制换向阀(图中未画出),使泵向主油路输油,另一个执行元件开始动作。

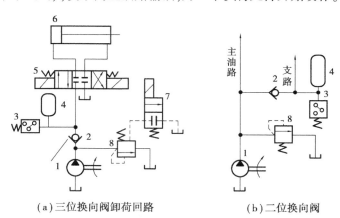

(a)三位换向阀卸荷回路　　　　(b)二位换向阀

图1-85 保压回路

1—液压泵;2—单向阀;3—压力继电器;4—蓄能器;5—三位四通电磁换向阀;
6—液压缸;7—二位二通电磁阀;8—溢流阀

四、平衡回路

平衡回路的功用是防止立式液压缸及工作部件因自重而自行下落或在下行运动中因自重造成速度失控。其平衡机理是使立式液压缸的下腔保持一定的背压力,以便与重力负载相平衡。

1.单向顺序阀的平衡回路

在垂直放置的液压缸的下腔接一个单向顺序阀,可防止液压缸因自重而自行下滑。但此回路在下行时有较大的功率损失。为此可采用如图1-86(a)所示的采用外控单向顺序阀的回路。单向顺序阀的调定压力应稍大于因运动部件自重在液压缸下腔形成的压力。这种平衡回路在活塞下行时,回油腔有一定的背压,运动平稳,但有较大的功率损失。在活塞停止期间,工作部件会因为单向顺序阀和换向阀的泄漏而缓慢下降。因此,这种回路只适应于工作部件质量不大且锁紧要求不高的场合。

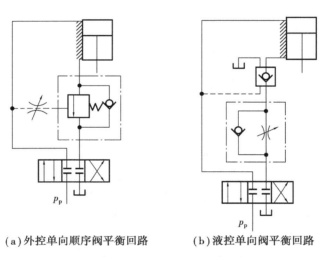

(a)外控单向顺序阀平衡回路　　　(b)液控单向阀平衡回路

图1-86　平衡回路

2.采用液控单向阀的平衡回路

图1-86(b)所示为采用液控单向阀的平衡回路。由于液控单向阀是锥面密封,泄漏极小,因此这种回路闭锁性能好。回油路上串联节流阀,用于防止活塞下行时出现速度大幅度波动,起到调速作用。

任务8　液压吊速度控制回路安装与调试

◎ **任务说明**

液压吊在工作时,起重吊臂的伸出与返回是由液压缸驱动的。根据工作要求,运行时吊臂的速度必须能进行调节。调节液压缸的流量可调节液压缸的运动速度。在液压系统中用来调节流量的元件是流量控制阀,常用的流量控制阀是节流阀。设计控制吊臂速度的液压回路。图1-87所示为液压吊车。

◎ **任务要求**

- 能构建液压吊的速度控制回路,并能正确选择元器件。
- 在工作台上合理布置各元器件,安装元器件要规范。
- 用油管正确连接元器件的各油口。
- 检查各油口连接情况后,启动液压泵,观察执行元件的运动速度。
- 调节节流阀调压手柄,观察执行元件的速度变化情况。

图 1-87 液压吊车

◎ **资讯**

流量控制阀是依靠改变阀口通流面积来调节通过阀口的流量,从而改变执行元件的运动速度。常用的流量控制阀有节流阀和调速阀两种。

一、节流口的结构形式及流量特性

1. 节流口的结构形式

节流口的形式很多,图 1-88 所示为常用的几种节流口。图 1-88(a)所示为针阀式节流口,针阀芯作轴向移动时,改变环形通流截面积的大小,从而调节了流量。图 1-88(b)所示为偏心式节流口,在阀芯上开有一个截面为三角形(或矩形)的偏心槽,当转动阀芯时,就可以调节通流截面大小而调节流量。这两种形式的节流口结构简单,制造容易,但节流口容易堵塞,流量不稳定,适用于性能要求不高的场合。图 1-88(c)所示为轴向三角槽式节流口,在阀芯端部开有一个或两个斜的三角沟槽,轴向移动阀芯时,就可以改变三角槽通流截面积的大小,从而调节流量。图 1-88(d)所示为周向缝隙式节流口,阀芯上开有狭缝,油液可以通过狭缝流入阀芯内孔,然后由左侧孔流出,转动阀芯就可以改变缝隙的通流截面积。图 1-88(e)所示为轴向缝隙式节流口,在套筒上开有轴向缝隙,轴向移动阀芯即可改变缝隙的通流面积大小,以调节流量。

2. 节流口的流量特性

通过节流口的流量与节流口的结构形式有关,实用的节流口都介于理想薄壁孔和细长孔之间,因此其流量特性可采用小孔流量通用公式

$$q = KA_{\mathrm{T}}\Delta P^{m}$$

来描述,式中 A_{T} 为孔口截面积; Δp 为孔口前后压力差; m 为由孔口形状决定的指数; K 为修正系数。当系数 K、压力差 Δp 和指数 m 不变时,改变节流口的过流断面面积 A 便可调节通过节流口的流量。理论上,当过流断面面积 A 不变时,通过节流口的流量是不变的,而实际上流量是有变化的,特别是在小流量时变化较大。影响流量稳定性的主要因素如下:

(1)节流口两端的压差

液压系统的负载一般情况下不为定值,当负载变化时,执行元件的工作压力也随之改变,则与执行元件相连的节流阀,其前后压力差发生变化,流量也随之变化。薄壁孔的 m 最小,其通过的流量受压差影响最小,因此目前节流阀大多采用薄壁式节流口。

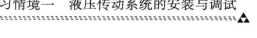

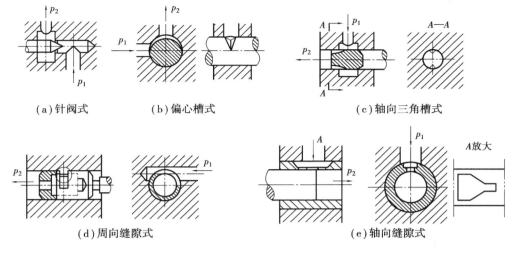

(a)针阀式　　　(b)偏心槽式　　　(c)轴向三角槽式

(d)周向缝隙式　　　　　(e)轴向缝隙式

图 1-88　典型节流口的结构形式

（2）油温

随油温变化,油液的黏度将发生变化。黏度对细长孔流量的影响较大,而对孔壁很短的薄壁孔流量几乎没有影响。

3.最小稳定流量

实验表明,当节流阀开度很小时,虽然阀的压差和油温均保持不变,但流经阀的流量会出现时多时少的脉动,甚至断流,这种现象称为阻塞。产生阻塞的主要原因是油液中的污物堵塞了节流口。

二、节流阀

图 1-89 所示为普通节流阀的结构和图形符号。这种节流阀的孔口形状为轴向三角槽式。主要由阀芯 3、推杆 2、手轮 1 和弹簧 4 等组成。油液从进油口 P_1 进入,经阀芯 3 上的三角槽节流口,从出油口 P_2 流出。调节手柄1,可通过推杆使阀芯作轴向移动,改变节流口的通流面积来调节流量。阀芯在弹簧的作用下始终紧贴在推杆上,这种节流阀的进出油口可互换。

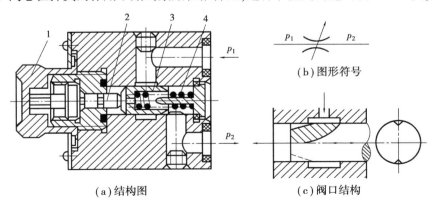

(a)结构图　　　　　　(c)阀口结构

图 1-89　节流阀
1—调节手轮;2—推杆;3—阀芯;4—弹簧

节流阀结构简单、制造容易、体积小、使用方便、造价低,但负荷和温度的变化对流量稳定性的影响较大,因此只适用于负荷和温度变化不大和速度稳定性要求不高的液压系统。

三、调速回路

调速回路的功用是调节执行元件工作行程的速度。在不考虑液压油的可压缩性和泄漏的情况下,液压缸的运动速度为

$$v = \frac{q}{A} \tag{1-14}$$

液压马达的转速为

$$n = \frac{q}{V_m} \tag{1-15}$$

式中　q——输入液压执行元件的流量;

A——液压缸的有效面积;

V_m——液压马达的排量。

由式(1-14)和式(1-15)可知,改变输入液压执行元件的流量 q 或液压马达的排量 V_m,就可以达到调节速度的目的。

通过改变流量来控制执行元件运动速度的回路称为调速回路。调速方法有节流调速、容积调速和容积节流复合调速 3 种。其中,最常用的是节流调速。

1. 节流调速回路

在采用定量泵的液压系统中安装节流阀或调速阀,通过调节其通流面积来调节进入液压缸的流量,从而调节执行元件速度的方法称为节流调速。根据节流阀在油路中安装位置的不同,可分为进油节流调速、回油节流调速、旁路节流调速等多种形式。其中,最常用的是进油节流调速回路和回油节流调速回路。

（1）进油节流调速回路

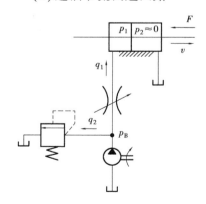

图 1-90　进油路节流调速回路

如图 1-90 所示,把流量控制阀串联在执行元件的进油路上的节流调速回路称为进油路节流调速回路。回路工作时,液压泵输出的油液(压力 p_B 由溢流阀调定),经节流阀进入液压缸左腔,推动活塞向右运动,右腔的油液则流回油箱。液压缸左腔的油液压力 p_1 由作用在活塞上的负载阻力 F 的大小决定。液压缸右腔的油液压力 $p_2 \approx 0$,进入液压缸油液的流量 q_1 由节流阀调节,多余的油液 q_2 经溢流阀流回油箱。A 为活塞的有效作用面积,A_0 为流量阀节流口通流截面积。

当活塞带动执行机构以速度 v 向右做匀速运动时,作用在活塞两个方向上的力互相平衡,则

$$p_1 A = F$$

即

$$p_1 = \frac{F}{A}$$

设节流阀前后的压力差为 Δp,则
$$\Delta p = p_B - p_1$$
假定节流口形状为薄壁小孔,由于经流量阀流入液压缸右腔的流量为
$$q_1 = KA_0\Delta p^m = KA_0\sqrt{\Delta p} \qquad (m\ \text{取}\ 0.5)$$
所以活塞的运动速度为
$$v = \frac{q_1}{A} = \frac{KA_0}{A}\sqrt{\Delta p} = KA_0\sqrt{p_B - \frac{F}{A}} \qquad (1\text{-}16)$$

在进油节流调速回路中,液压泵的输出功率为 $P_{泵} = p_B q_B = $ 常量,而液压缸的输出功率为 $P_{缸} = Fv = Fq_1/A_1 = p_1 q_1$,所以该回路的功率损失为
$$\Delta P = P_{泵} - P_{缸} = p_B q_B - p_1 q_1 = p_B(q_1 + q_2) - (p_B - \Delta p)q_1 = p_B q_2 + \Delta p q_1 \qquad (1\text{-}17)$$

由式(1-17)可知,这种调速回路的功率损失由两部分组成,即溢流损失 $\Delta P_{溢} = p_B q_2$ 和节流损失 $\Delta P_{节} = \Delta p q_1$,故这种调速回路的效率较低。

进油路节流调速回路的特点如下:

①结构简单,使用方便。由于活塞运动速度 v 与节流阀口通流截面积 A_0 成正比,调节 A_0 即可实现无级调速,且调速范围大。

②速度稳定性差。由式(1-16)可知,液压泵工作压力 p_B 经溢流阀调定后基本恒定,可调节流阀调定后开口面积 A_0 也不变,活塞有效作用面积 A 为常量,所以活塞运动速度将随负载 F 的变化而波动。

③运动平稳性差。由于回油路压力为零,即回油腔没有背压力,当负载突然变小、为零或为负值时,活塞会产生突然前冲。为了提高运动的平稳性,通常在回油管路中串接一个背压阀(换装大刚度弹簧的单向阀或溢流阀)。

④系统效率低,传递功率小。尤其是当执行元件在轻载低速下工作时,液压泵输出功率中有很大部分消耗在溢流阀和节流阀上,流量损失和压力损失大,系统效率很低。功率损耗会引起油液发热,使进入液压缸的油液温度升高,导致泄漏增加。

由上述特点可知,用节流阀的进油节流调速回路一般应用于功率较小、负载变化不大的液压系统中。

(2)回油路节流调速回路

把流量控制阀安装在执行元件通往油箱的回油路上,这样的节流调速回路称为回油节流调速回路,如图 1-91 所示。回油路节流调速是借助节流阀控制液压缸的排油量 q_2 来实现速度调节。由于进入液压缸的流量 q_1 受到回油路上排油量 q_2 的限制,因此用节流阀来调节液压缸的排油量 q_2,也就调节了进油量 q_1,定量泵多余的油液仍经溢流阀流回油箱,溢流阀调整压力基本稳定。

当活塞匀速运动时,活塞上的受力平衡方程式为
$$p_1 A = F + p_2 A$$
p_1 等于由溢流阀调定的液压泵出口压力 p_B,则

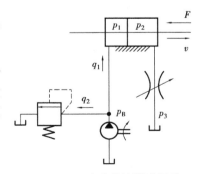

图 1-91　回油路节流调速回路

$$p_2 = p_1 - \frac{F}{A} = p_B - \frac{F}{A}$$

因节流阀出口接油箱,即 $p_3 \approx 0$,所以

$$\Delta p = p_2 = p_B - \frac{F}{A}$$

活塞运动速度为

$$v = \frac{q_1}{A} = \frac{KA_0}{A}\sqrt{\Delta p} = KA_0\sqrt{p_B - \frac{F}{A}} \qquad (1\text{-}18)$$

另外,在回油路节流调速回路中,也包括溢流损失和节流损失功率,所以它的效率也较低。

从以上分析可知,进、回油路节流调速回路有许多相同之处,但是,它们也有如下不同:

①节流阀装在回油路上,回油路上有较大的背压,因此在外界负载变化时可起缓冲作用,运动的平稳性比进油节流调速回路要好。

②回油节流调速回路中,经节流阀后压力损耗而发热,导致温度升高的油液直接流回油箱,容易散热。

③停车后的启动性能不同。长期停车后液压缸油腔内的油液会流回油箱,当液压泵重新向液压缸供油时,在回油节流调速回路中,由于进油路上没有节流阀控制流量,即使回油路上节流阀关得很小,也会使活塞前冲;而在进油节流调速回路中,由于进油路上有节流阀控制流量,故活塞前冲很小,甚至没有前冲。

由上述特点可知,回油节流调速回路广泛应用于功率不大、负载变化较大或运动平稳性要求较高的液压系统中。为了提高回路的综合性能,一般常采用进油节流调速,并在回油路上加背压阀的回路,使其兼备两者的优点。

2. 容积调速回路

节流调速回路虽然调节起来非常方便,但存在速度随负载变化的问题,同时油液通过流量阀时所造成的功率损失大,回路效率低,只适用于小功率液压系统。液压传动系统中,为了达到液压泵输出流量与负载流量相一致而无溢流损失的目的,往往采用改变液压泵或液压马达(同时改变)的有效工作容积进行调速。这种调速回路称为容积式调速回路。这类回路无节流和溢流损失,所以系统不易发热,效率高,在大功率的液压系统中得到广泛应用。但这种调速回路要求制造精度高,结构复杂,造价较高。容积调速回路有:变量泵—定量马达(或液压缸)、定量泵—变量马达、变量泵—变量马达。按油路的循环形式分有:开式调速回路、闭式调速回路。容积调速回路多用于工程机械、矿山机械、农业机械和大型机床等大功率的调速系统中。

图1-92(a)所示的是开式回路,泵从油箱吸油供给执行元件,执行元件排出的油液直接返回油箱,油液在油箱中便于沉淀杂质、析出空气,并得到良好的冷却,但油箱尺寸较大,空气、污物容易侵入。图1-92(b)所示的是闭式回路,液压泵将油液输入执行元件的进油腔中,又从执行元件的回油腔处吸油,油液不一定经过油箱而直接在封闭回路内循环,因而减少了空气侵入的可能性,运动平稳、噪声小。但为了补偿回路的泄漏,需设置补油装置,包括辅助泵及与其配套的溢流阀和油箱,这样使得回路结构复杂且散热条件较差。

根据液压泵和执行元件组合方式的不同,容积调速回路分为以下3种形式:

(1)变量泵和定量执行元件组成的容积调速回路

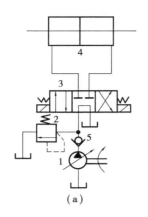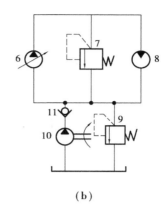

（a）　　　　　　　　　　（b）

图 1-92　变量泵和定量执行元件组合的容积调速回路

1,6—变量泵;2,7,9—溢流阀;3—换向阀;4—液压缸;

5,11—单向阀;8—定量马达;10—辅助定量泵

图 1-92（a）所示为变量泵和液压缸组成的容积调速回路,图 1-92（b）所示为变量泵和定量液压马达组成的容积调速回路。这两种回路均采用改变变量泵的输出流量来调速的方法。工作时,溢流阀 2,7 作安全阀用,它可以限定液压泵的最高工作压力,起过载保护作用。辅助油泵 10 将油箱中经过冷却的油液输入到封闭回路中,同时与油箱相通的溢流阀 9 溢流出定量马达 8 排出的多余热油,从而起到稳定低压管路压力和置换热油的作用。单向阀 5,11 在系统停止工作时可以起到防止系统中的油液倒流和空气侵入的作用。

（2）定量泵和变量液压马达组合

在图 1-93 所示的回路中,定量泵 1 的输出流量不变,调节变量液压马达的排量,便可改变其转速。溢流阀 2 在回路中作安全阀用。

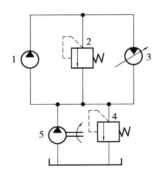

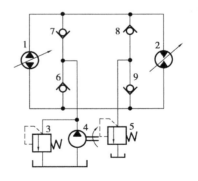

图 1-93　定量泵和变量马达的容积调速回路

1—变量泵;2,4—溢流阀;

3—变量马达;5—辅助定量泵

图 1-94　变量泵和变量马达的容积调速回路

1—双向变量泵;2—双向变量马达;3,5—溢流阀;

4—辅助定量泵;6,7,8,9—单向阀

（3）变量泵和变量液压马达组合

在图 1-94 所示的回路中,变量泵可双向供油,用以实现双向变量液压马达的换向。调速时液压泵和液压马达的排量分阶段调节。在低速阶段,液压马达排量保持最大,由改变液压泵的排量来调速;在高速阶段,液压泵排量保持最大,通过改变液压马达的排量来调速。这样

就扩大了调速范围。单向阀 6,7 用于使辅助定量泵 4 双向补油,单向阀 8,9 则使溢流阀 5 能在两个方向起过载保护作用。

3. 容积节流调速回路

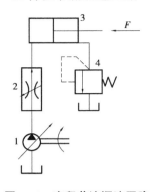

图 1-95 容积节流调速回路
1—变量泵;2—调速阀;
3—液压缸;4—溢流阀

采用变量液压泵供油,用流量阀控制进入或流出液压缸的流量来调节液压缸的运动速度,并可使变量泵的供油量自动与液压缸所需的流量相适应。图 1-95 所示为由限压式变量叶片泵和调速阀组成的容积节流调速回路。压力油经调速阀 2 进入液压缸 3 工作腔,回油经溢流阀 4 返回油箱。调节调速阀节流口的开口大小,就可以调节输入液压缸的流量。如果调速阀开口由大变小,变量泵的流量就会大于调速阀调定的流量。由于进油路没有溢流阀,多余的油液没有排油通路,势必使液压泵和调速阀之间油路的油液压力升高,使泵的偏心距自动减小,直至泵的输出流量等于调速阀的调定流量。如果调速阀开口由小变大,变量泵的流量小于调速阀调定的流量,则泵出口的压力将降低,偏心距自动增大,输出流量与调速阀的调定流量相适应。

在这种回路中,泵的输出流量与通过调速阀的流量是相适应的,有节流功率损失,但没有溢流功率损失,回路效率较高,发热量较小。同时,采用调速阀,液压缸的运动速度基本不受负载变化的影响,即使在较低的运动速度下工作,运动也较稳定。但是随着负载减小,其节流损失也将增大,相应效率降低,因此这种调速回路不宜用于负载变化大且大部分时间在低负载下工作的场合。

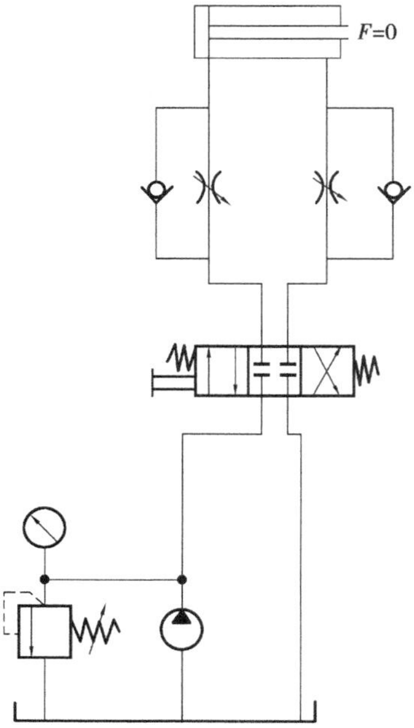

◎ **计划、决策**

1. 方案

液压吊在工作时支腿需要完成伸缩动作,故设计选用单杆双作用液压缸;考虑到工作过程对调速要求不高和平稳性,采用节流阀进行调速,并采用回油节流调速,因此选用单向节流阀。换向阀选用手动控制的三位四通换向阀;液压源选择由单向定量泵和溢流阀组成。

2. 速度控制回路原理图

速度控制回路原理如图 1-96 所示。

图 1-96 液压吊速度控制回路原理图

◎ **实施**

组装步骤如下:

①读懂控制回路图,并在 FliudSIM 仿真软件中进行仿真。仿真通过,才能实训;
②根据控制原理图选择合适的液压元件;
③把选定的液压元件根据控制原理图摆放在液压试验台上;
④根据控制原理图连接各液压元件;

⑤检查各元件的连接情况,确认无误后,打开油泵供油;

⑥调节节流阀,观察液压缸运动速度的变化。

◎ 检查、评价

表 1-18　任务 8 检查评价表

考核内容		自　评	组长评价	教师评价
		达到标准画√,没达到标准画×		
作业完成	1. 按时完成任务	☐	☐	☐
	2. 内容正确	☐	☐	☐
	3. 字迹工整,整洁美观	☐	☐	☐
操作过程	液压回路设计:			
	1. 正确设计液压换向回路	☐	☐	☐
	2. 正确选择液压元件	☐	☐	☐
	3. 合理布置液压元件	☐	☐	☐
	4. 可靠连接各油口	☐	☐	☐
	调试:			
	1. 正确启动液压泵	☐	☐	☐
	2. 正确调整液压缸的运动速度	☐	☐	☐
	3. 正确使用测试仪器、设备	☐	☐	☐
	4. 找到故障点并正确解决问题	☐	☐	☐
工作态度	1. 不旷课	☐	☐	☐
	2. 不迟到,不早退	☐	☐	☐
	3. 学习积极性高	☐	☐	☐
	4. 学习认真,虚心好学	☐	☐	☐
职业操守	1. 安全、文明工作	☐	☐	☐
	2. 具有良好的职业操守	☐	☐	☐
团队合作	1. 服从组长的工作安排	☐	☐	☐
	2. 按时完成组长分配的任务	☐	☐	☐
	3. 热心帮助小组其他成员	☐	☐	☐
项目完成	1. 液压回路设计、连接正确	☐	☐	☐
	2. 调试完成	☐	☐	☐
评价等级				
项目最终评价(自评20%,组评30%,师评50%)				

任务9 半自动车床进给速度控制回路安装与调试

◎ **任务说明**

在半自动车床液压进给系统中,液压缸带动进给机构完成进给运动。车床工作时要求液压传动系统所控制的进给机构能按加工时机床的进给要求调节速度。同时,为了保证机床加工工件的加工精度,还要求在进行调速时不受切削量变化的影响,选择控制元件设计控制液压缸速度的液压回路。图 1-97 所示为半自动车床。

◎ **任务要求**

- 熟悉调速阀的结构和应用。
- 根据项目要求设计回路。
- 选择相应元器件在实验台上组建回路,并检查回路的功能是否正确。

图 1-97 半自动车床

- 检查各油口连接情况后,启动液压泵,观察执行元件的运动速度。
- 调节调速阀调速手柄,观察执行元件的速度变化情况。

◎ **资讯**

一、调速阀

调速阀是由一个定差减压阀和一个节流阀串联组合而成的。节流阀用来调节流量,定差减压阀用来保证节流阀前后的压力差 Δp 不受负载变化的影响,从而使通过节流阀的流量保持稳定。

图 1-98(a)为调速阀的工作原理图,图 1-98(b)为调速阀的详细图形符号,图 1-98(c)为其简化图形符号。当压力为 p_1 的油液由调速阀进油口流入,经减压阀阀口 h 后压力降为 p_2,再分别经孔道 b 和 f 进入油腔 c 和 e。减压阀出口 d 同时也是节流阀 2 的入口,油液经节流口后,压力由 p_2 降为 p_3。压力为 p_3 的油液一部分经调速阀的出口进入执行元件,另一部分经孔道 g 进入减压阀芯 1 的上腔 a。若 a,c,e 腔的有效工作面积分别为 A_1,A_2,A_3,则 $A_1 = A_2 + A_3$。减压阀阀芯的受力平衡方程为

$$p_2 A_2 + p_2 A_3 = p_3 A_1 + F_s \tag{1-18}$$

即

$$\Delta p = p_2 - p_3 = \frac{F_s}{A_1}$$

由于定差减压阀的弹簧刚度很小,工作时阀芯的移动量也很小,故弹簧力 F_s 的变化也很小,因此节流阀前后的压力差基本保持不变。这就使得调速阀的流量只随节流口开度大小而改变,而与负载变化无关。此时只要将弹簧力固定,则在油温不变时,输出流量就可固定。

当调速阀进、出油口压力 p_2 和 p_3 受负载影响而变化时,将引起减压阀芯上下移动,从而改变减压口的开度,使减压阀出口压力 p_2 相应地发生变化,并保持节流阀前后的压力差恒定不变。

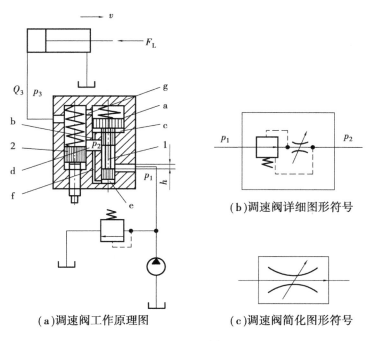

(a)调速阀工作原理图

(b)调速阀详细图形符号

(c)调速阀简化图形符号

图 1-98 调速阀
a—上腔;b,f,g—孔;e—下油腔;d—出油口
1—减压阀芯;2—节流阀芯

调速阀与节流阀的特性比较如图 1-99 所示,节流阀的流量随进、出油口压力差 Δp 变化较大。而调速阀在压差较小时,性能与普通节流阀相同,即二者曲线重合,这是由于较小的压力差不能克服定差减压阀的弹簧力,减压阀不起减压作用,整个调速阀就相当于一个节流阀。因此,为了保证调速阀正常工作,必须保证其前后压差 Δp 在 $0.4 \sim 0.5$ MPa 以上。

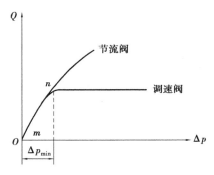

图 1-99 调速阀与节流阀特性比较

调速阀适用于负载变化较大、速度平稳性要求较高的液压系统,如各类组合机床、铣床、车床等设备的液压系统常用调速阀调速。

二、速度控制回路

速度控制回路是对液压系统中的执行元件的运动速度和速度进行切换控制的回路。这类回路包括调速回路、快速运动回路和速度换接回路等。

1. 快速运动回路

快速运动回路又称增速回路,其作用在于使液压执行元件获得所需的高速,缩短机械空行程运动时间,以提高系统的工作效率。根据实现快速运动方法不同,可有多种结构方案。

下面介绍几种常用的快速运动回路。

（1）液压缸差动连接快速运动回路

如图 1-100 所示的差动回路，是利用液压缸的差动连接来实现的。当二位三通电磁换向阀处于右位时，液压缸呈差动连接，液压泵输出的油液和液压缸有杆腔返回的油液合流，进入液压缸的无杆腔，实现活塞的快速运动。

这种回路比较简单、经济，但液压缸的速度加快有限，差动连接与非差动连接的速度之比等于活塞与活塞杆截面积之比。若仍不能满足快速运动的要求，则可与限压式变量泵等其他方法联合使用。

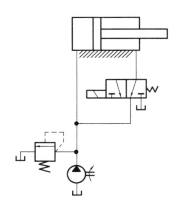

图 1-100　差动连接快速运动回路

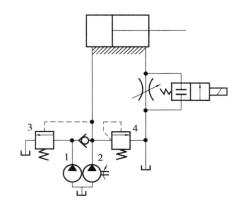

图 1-101　双泵供油快速运动回路
1—低压大流量泵；2—高压小流量泵；3—液控顺序阀；
4—溢流阀

（2）双泵供油快速运动回路

图 1-101 所示的回路中采用了低压大流量泵 1 和高压小流量泵 2 并联，它们同时向系统供油时可实现液压缸的空载快速运动；进入工作行程时，系统压力升高，液控顺序阀 3（卸荷阀）打开，使大流量液压泵 1 卸荷，仅由小流量液压泵 2 向系统供油，液压缸的运动变为慢速工作行程，工进时压力由溢流阀 4 调定。

（3）蓄能器快速运动回路

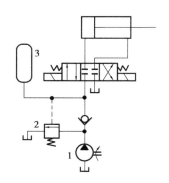

图 1-102　蓄能器快速运动回路
1—液压泵；2—液控顺序阀；
3—蓄能器

在图 1-102 所示的用蓄能器辅助供油的快速回路中，用蓄能器使液压缸实现快速运动。当换向阀处于中位时，液压缸停止工作，液压泵经单向阀向蓄能器充油，随着蓄能器内油量的增加，压力亦升高，至液控顺序阀 2 的调定压力时，液压泵卸荷。当换向阀处于左位或右位时，液压泵 1 和蓄能器 3 同时向液压缸供油，实现快速运动。

这样系统中可选用流量较小的液压泵及功率较小的电动机，可节约能源并降低油温，实现短期大量供油。这种回路适用于短时间内需要大流量的场合，但蓄能器充油时，液压缸必须有足够的停歇时间。

2. 速度换接回路

速度换接回路的作用是使液压执行元件在一个工作循环

中从一种运动速度换到另一种运动速度,因而这个转换不仅包括快速转慢速的换接,而且也包括两个慢速之间的换接。实现这些功能的回路应该具有较高的速度换接平稳性。

(1)快速与慢速的速度换接回路

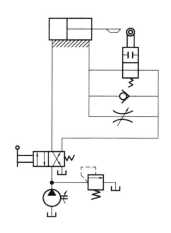

如图 1-103 所示,在用行程阀控制的快慢速换接回路中,活塞杆上的挡块未压下行程阀时,液压缸右腔的油液经行程阀回油箱,活塞快速运动;当挡块压下行程阀时,液压缸回油经节流阀回油箱,活塞转为慢速工进。

这种回路的快慢速换接过程比较平稳,换接点的位置比较准确,缺点是行程阀的安装位置不能任意布置,管路连接较为复杂,若将行程阀改为电磁阀,安装连接比较方便,但速度换接的平稳性、可靠性以及换向精度都较差。

(2)两种慢速的速度换接回路

图 1-103　快慢速的速度换接回路

如图 1-104(a)所示,在两个调速阀并联实现两种进给速度的换接回路中,两调速阀由二位三通换向阀换接,它们各自独立调节流量,互不影响,一个调速阀工作时,另一个调速阀没有油液通过。在速度换接过程中,由于原来没工作的调速阀中的减压阀处于最大开口位置,速度换接时大量油液通过该阀,将使执行元件突然前冲,因此它不宜用于工作过程中的速度换接。

如图 1-104(b)所示,用两调速阀串联的方法来实现两种不同速度的换接回路中,两调速阀由二位二通换向阀换接,但后接入的调速阀的开口要小,否则,换接后得不到所需要的速度,起不到换接作用,该回路的速度换接平稳性比调速阀并联的速度换接回路好,但由于油液经过两个调速阀,所以能量损失较大。

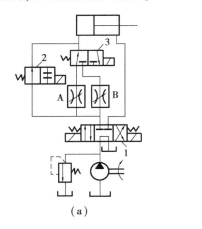

(a)

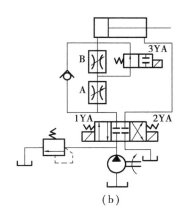

(b)

图 1-104　两种慢速的速度换接回路

◎ 计划、决策

1.方案

考虑到车床工作过程对调速要求较高和平稳性,采用调速阀进行调速,并采用回油节流调速,回程为快回,因此选用单向阀与调速阀并联,只进行单向调速。换向阀选用双电控的三位四通换向阀;液压源选择由单向定量泵和溢流阀组成。此回路需设计简单控制电路。

2.速度控制回路原理图

速度控制回路原理如图1-105所示。

◎ **实施**

组装调试步骤如下:

①读懂液压回路图,根据液压回路原理图正确选择各液压元件。

②安装原理图,用选择的液压元件进行液压电气控制联合仿真。

③对照实验原理,在试验台上合理摆放各液压元件,并用油管连接各液压元件的油口。

④连接控制电路图。

⑤检查连接是否正确,确认无误后进入下一步。

⑥调节速度阀开度,观察液压缸速度的变化。

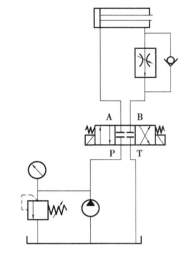

图 1-105　半自动车床速度控制回路原理图

◎ **检查、评价**

表 1-19　任务 9 检查评价表

考核内容		自　评	组长评价	教师评价
		达到标准画√,没达到标准画×		
作业完成	1. 按时完成任务	☐	☐	☐
	2. 内容正确	☐	☐	☐
	3. 字迹工整,整洁美观	☐	☐	☐
操作过程	液压回路设计:			
	1. 正确设计调速回路	☐	☐	☐
	2. 正确设计控制电路	☐	☐	☐
	3. 正确选择液压元件	☐	☐	☐
	4. 合理布置液压元件	☐	☐	☐
	5. 可靠连接各油口	☐	☐	☐
	6. 正确选择控制电路各元件	☐	☐	☐
	调试:			
	1. 正确启动液压泵	☐	☐	☐
	2. 正确调整液压缸运动速度	☐	☐	☐
	3. 正确使用测试仪器、设备	☐	☐	☐
	4. 找到故障点并正确解决问题	☐	☐	☐

续表

考核内容		自　评	组长评价	教师评价
		达到标准画√,没达到标准画×		
工作态度	1. 不旷课	☐	☐	☐
	2. 不迟到,不早退	☐	☐	☐
	3. 学习积极性高	☐	☐	☐
	4. 学习认真,虚心好学			
职业操守	1. 安全、文明工作	☐	☐	☐
	2. 具有良好的职业操守	☐	☐	☐
团队合作	1. 服从组长的工作安排			
	2. 按时完成组长分配的任务	☐	☐	☐
	3. 热心帮助小组其他成员	☐	☐	☐
项目完成	1. 液压回路设计、连接正确	☐	☐	☐
	2. 调试完成	☐	☐	☐
评价等级				
项目最终评价(自评20%,组评30%,师评50%)				

任务 10　YT4543 液压动力滑台液压系统工作原理图的识读

◎ **任务说明**

组合机床广泛应用于成批大量的生产中。组合机床上的主要通用部件动力滑台的作用是实现进给运动。它要求液压传动系统完成的进给动作是:快进—第一次工作进给—第二次工作进给—止挡块停留—快退—原位停止,同时还要求系统工作稳定、效率高。那么液压动力滑台的液压系统是如何工作的呢? 要达到动力滑台工作时的性能要求,就必须将各液压元件有机地组合,形成完整有效的液压控制回路。在动力滑台中,进给运动其实是由液压缸带动工作台,从而完成整个进给运动的,因此组合机床液压回路的核心是如何来控制液压缸的动作。图 1-106 所示为动力滑台。

◎ **任务要求**

- 在液压系统工作原理图中能够分清执行元件、控制元件、动力元件和辅助元件。
- 在液压系统工作原理图中能够分清换向回路、调速回路和调压回路。
- 能够根据液压系统原理图分析系统的工作原理和工作过程。
- 总结系统的特点。

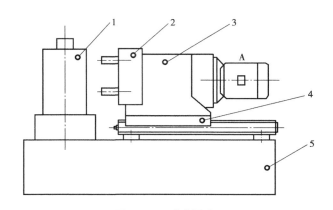

图 1-106 动力滑台

1—夹具及工件;2—主轴箱;3—动力头;4—动力滑台;5—床身

◎ **资讯**

液压系统在机床、工程机械、冶金、石化、航空、船舶等各行业均有广泛的应用。液压系统是根据液压设备的工作要求,选用各种不同功能的基本回路构成的。

一、液压系统工作原理图识读的方法与步骤

了解机械设备的功用、工况对液压系统的要求以及液压设备的工作循环。

初步阅读液压系统图,了解系统中包含哪些元件,根据设备的工况及工作循环,将系统分解为若干个子系统。

逐步分析各子系统,了解系统中基本回路的组成情况、各个元件的功用以及各元件之间的相互关系。根据执行机构的动作要求,参照电磁铁动作顺序表,了解各个行程的动作原理及油路的流动路线。

根据系统中对各执行元件间的互锁、同步、防干扰等要求,分析各个子系统之间的联系以及如何实现这些要求。

在全面读懂液压系统图的基础上,根据系统所使用的基本回路的性能,对系统作出综合分析,归纳总结出整个液压系统的特点,以加深对液压系统的理解,为液压系统的调整、维护、使用打下基础。

组合机床是一种高效专供机床,它由具有一定功能的通用部件和专用部件组成,加工范围较广,自动化程度较高,多用于大批量生产。

液压动力滑台由液压缸驱动,根据加工需要,可在滑台上配置动力头、主轴箱或各种专用的切削头等工作部件,以完成钻、扩、铰、铣、镗、刮端面、倒角、攻丝等加工工序,并可实现多种进给工作循环。

二、动力滑台液压系统应具备的性能

①在变负载或断续负载的条件下工作,能保证动力滑台的进给速度,特别是最小进给速度的稳定性。

②能承受规定的最大负载,并具有较大的工进调速范围以适应不同工序的要求。

③能实现快速进给和快速退回。

④效率高,发热少,并能合理利用能量以解决工进速度和快进速度之间的矛盾。

⑤在其他元件的配合下可方便地实现多种工作循环。

三、YT4543 型动力滑台液压系统工作原理

组合机床液压动力滑台可以实现多种不同的工作循环,其中一种比较典型的工作循环是:快进→一工进→二工进→死挡铁停留→快退→停止。图 1-107 所示为完成这一动作循环的动力滑台液压系统工作原理图。系统中采用限压式变量叶片泵供油,并使液压缸差动连接以实现快速运动。由电液换向阀换向,用行程阀、液控顺序阀实现快进与工进的转换,用二位二通电磁换向阀实现一工进和二工进之间的速度换接。为保证进给的尺寸精度,采用了死挡铁停留来限位。

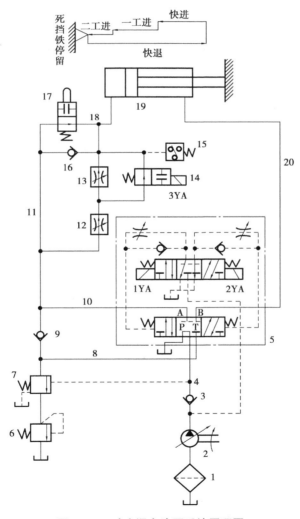

图 1-107 动力滑台液压系统原理图

1—滤油器;2—变量泵;3,9,16—单向阀;4,8,10,11,18,20—管路;5—电磁换向阀;

6—背压阀;7—顺序阀;12,13—调速阀;14—二位二通电磁换向阀;

15—压力继电器;17—行程阀;19—液压缸

1. 快进

按下启动按钮,三位五通电液动换向阀 5 的 1YA 得电,先导电磁阀左位进入工作状态,这时的主油路是:

①进油路:滤油器 1→变量泵 2→单向阀 3→管路 4→电液换向阀 5 的 P 口到 A 口→管路 10→管路 11→行程阀 17→管路 18→液压缸 19 左腔。

②回油路:液压缸 19 右腔→管路 20→电液换向阀 5 的 B 口到 T 口→管路 8→单向阀 9→管路 11→行程阀 17→管路 18→液压缸 19 左腔。

此时,快进的原因有二:一是因为动力滑台的载荷较小,系统中的压力较低,变量泵 2 输出流量增大;二是因为差动连接的原因,使活塞右腔的油液没有流回到油箱中,而是进入到活塞的左腔,增大了进入活塞左腔的流量。上述两个原因导致活塞左腔的流量剧增,从而使活塞推动动力滑台快速前进,实现快进动作。

2. 第一次工作进给(一工进)

随着液压缸缸体的左移,行程阀 17 的阀芯被压下,行程阀上位工作,使管路 11 和 18 断开,快进阶段结束,转为一工进。此时,电磁铁 1YA 继续通电,电液换向阀 5 仍在左位工作,电磁换向阀 14 的电磁铁处于断电状态。进油路必须经调速阀 12 进入液压缸左腔,与此同时,系统压力升高,将液控顺序阀 7 打开,并关闭单向阀 9,使液压缸实现差动连接的油路切断。回油经顺序阀 7 和背压阀 6(这里采用溢流阀)回到油箱。这时的主油路是:

①进油路:滤油器 1→变量泵 2→单向阀 3→电液换向阀 5 的 P 口到 A 口→管路 10→调速阀 12→二位二通电磁换向阀 14→管路 18→液压缸 19 左腔。

②回油路:液压缸 19 右腔→管路 20→电液换向阀 5 的 B 口到 T 口→管路 8→顺序阀 7→背压阀 6→油箱。

因为工作进给时油压升高,所以变量泵 2 的流量自动减小,动力滑台向前做第一次工作进给,进给速度的大小由调速阀 12 调节。

3. 第二次工作进给(二工进)

在第一次工作进给结束时,滑台上的挡铁压下行程开关(图中未画出),使电磁铁 3YA 得电,阀 14 右位工作,切断了该阀所在的支路,经调速阀 12 的油液必须经过调速阀 13 进入液压缸的左腔,其他油路不变。此时,动力滑台由一工进转为二工进。由于调速阀 13 的控制流量小于调速阀 12 的控制流量,进给速度进一步降低。该阶段进给速度由调速阀 13 来调节。这时的主油路是:

①进油路:滤油器 1→变量泵 2→单向阀 3→电液换向阀 5 的 P 口到 A 口→管路 10→调速阀 12→调速阀 13→管路 18→液压缸 19 左腔。

②回油路:液压缸 19 右腔→管路 20→电液换向阀 5 的 B 口到 T 口→管路 8→顺序阀 7→背压阀 6→油箱。

4. 死挡铁停留

当动力滑台第二次工作进给终了碰上死挡铁后,液压缸停止不动,系统的压力进一步升高,达到压力继电器 15 的调定值时,经过时间继电器延时,再发出电信号,使滑台退回。在时间继电器延时动作前,滑台停留在死挡铁限定的位置上。

5. 快退

时间继电器发出电信号后,使 2YA 得电,1YA 和 3YA 均失电,电液换向阀 5 右位工作,这时的主油路是：

①进油路：滤油器 1→变量泵 2→单向阀 3→管路 4→换向阀 5 的 P 口到 B 口→管路 20→液压缸 19 的右腔。

②回油路：液压缸 19 的左腔→管路 18→单向阀 16→管路 11→电液换向阀 5 的 A 口到 T 口→油箱。

这时系统的压力较低，变量泵 2 输出流量大，动力滑台快速退回。由于活塞杆的面积大约为活塞的一半，所以动力滑台快进、快退的速度大致相等。

6. 原位停止

当动力滑台退回到原始位置时，挡块压下行程开关（图中未画出），这时电磁铁 1YA，2YA，3YA 都失电，电液换向阀 5 处于中位，动力滑台停止运动，变量泵 2 输出油液的压力升高，使泵的流量自动减至最小。电磁铁动作顺序如表 1-20 所示。

表 1-20　动力滑台电磁铁动作顺序表

工作循环	1YA	2YA	3YA	行程阀
快　进	+	−	−	−
一工进	+	−	−	+
二工进	+	−	+	+
死挡铁停留	+	−	+	+
快　退	−	+	−	+ −
原位停止	−	−	−	−

四、YT4543 型动力滑台液压系统的特点

该系统具有如下特点：

①系统采用了限压式变量泵和调速阀组成的进油路容积节流调速回路，这种回路能使滑台得到稳定的低速运动和较好的速度负载特性，而且由于系统无溢流损失，系统效率较高。另外回路中设置了背压阀，改善了滑台运动的平稳性，并能使滑台承受一定的反向负载。

②采用限压式变量泵和液压缸的差动连接回路来实现快速运动，使能量的利用比较经济合理。滑台停止运动时，换向阀使液压泵在低压下卸荷，减少了能量损失。

③采用行程阀和液控顺序阀实现快进与工进的速度换接，动作可靠，速度换接平稳。同时调速阀可起到加载的作用，可在刀具与工件接触之前就可靠地转入工作进给，因此不会引起刀具和工件的突然碰撞。

④在行程终点采用了死挡铁停留，不仅提高了进给位置精度，还扩大了滑台的工艺范围，更适合于镗削阶梯孔、锪孔和锪端面等工序。

⑤由于采用了调速阀串联的二次进油路节流调速方式，可使启动和速度换接时的前冲量较小，并便于利用压力继电器发信号进行控制。

◎ **计划、决策**

①解读液压设备对液压系统的动作要求。

②逐步浏览整个系统,了解系统由哪些元件组成,再以各个执行元件为中心,将系统分成若干个子系统。

③对每一个执行元件及与其有关联的阀件等组成的子系统进行分析。

④根据液压设备中执行元件间互锁、同步、防干扰等要求,分析各子系统之间的关系,进一步读懂系统是如何实现这些要求的。

⑤全面读懂整个系统后,最后归纳总结整个系统有哪些特点。

⑥分析如何调整系统压力。

⑦分析如何调整运行速度。

◎ **实施**

1. 动力滑台对液压系统的动作要求

快进→一工进→二工进→死挡铁停留→快退→停止。

2. 组成系统的基本回路

①电液控三位五通构成的换向回路;

②两级串联的调速构成的节流调速回路;

③变量泵完成容积调速;

④速度换接回路由单电控二位二通换向阀和机控二位二通换向阀分别完成;

⑤溢流阀和顺序阀构成调压回路。

3. 系统的特点

①采用容积节流调速方式;

②采用行程阀速度换接方式;

③采用电液控制的换向阀实现换向。

4. 系统运动过程分析

各工况时的油路分析。

◎ **检查、评价**

表 1-21　任务 10 检查评价表

考核内容		自　评	组长评价	教师评价
		达到标准画√,没达到标准画×		
作业完成	1. 按时完成任务	□	□	□
	2. 内容正确	□	□	□
	3. 字迹工整,整洁美观	□	□	□

续表

考核内容		自　评	组长评价	教师评价
		达到标准画√,没达到标准画×		
操作过程	**液压系统组成分析:**			
	1. 系统运动要求分析	☐	☐	☐
	2. 调速回路分析	☐	☐	☐
	3. 调压回路分析	☐	☐	☐
	4. 换向回路分析	☐	☐	☐
	5. 速度换接回路分析	☐	☐	☐
	运动过程分析:			
	1. 快进	☐	☐	☐
	2. 一工进	☐	☐	☐
	3. 二工进	☐	☐	☐
	4. 死挡铁停留	☐	☐	☐
	5. 快退	☐	☐	☐
	6. 停止	☐	☐	☐
工作态度	1. 不旷课	☐	☐	☐
	2. 不迟到,不早退	☐	☐	☐
	3. 学习积极性高	☐	☐	☐
	4. 学习认真,虚心好学	☐	☐	☐
职业操守	1. 安全、文明工作	☐	☐	☐
	2. 具有良好的职业操守	☐	☐	☐
团队合作	1. 服从组长的工作安排	☐	☐	☐
	2. 按时完成组长分配的任务	☐	☐	☐
	3. 热心帮助小组其他成员	☐	☐	☐
项目完成	1. 液压回路分析正确	☐	☐	☐
	2. 运动过程分析完成	☐	☐	☐
评价等级				
项目最终评价(自评20%,组评30%,师评50%)				

情境小结

本教学情境通过 10 个教学任务的完成,学生应掌握的知识包括:液压系统的工作原理、液压系统的组成、方向控制阀的原理结构、压力控制阀的原理结构、流量控制阀的原理结构、常用换向回路的组成工作原理、调压回路的组成工作原理、调速回路的组成工作原理、液压系统工作原理图的识读方法;通过本情境的学习,学生应该具有区分液压系统各组成部分、液压元件的拆装和简单故障排除、绘制和认识液压元件符号、根据液压回路图连接液压回路、识读液压系统工作原理图、构建简单液压回路的能力。

学习情境二 液压传动系统的维护

情境描述

液压系统工作性能的保障,在很大程度上取决于正确使用与及时维护。因此,必须建立有关使用和维护方面的制度,以保证系统正常工作。本情境通过完成工作任务 CK6140 数控车床液压系统的维护来学习液压系统的维护和故障诊断方法。

知识目标

- 掌握液压系统故障诊断的方法;
- 学会液压系统的清洗;
- 了解液压系统的维护。

能力目标

- 具有发现问题和解决问题的能力;
- 具有工学结合能力;
- 具有液压基本回路维护能力。

任务 CK6140 数控车床液压系统的维护

◎ **任务说明**

CK6140 数控车床(见图 2-1)随着工作时间的增加及环境的影响,液压传动系统会出现一些工作上的异常现象,例如,产生噪声和振动、油温过高等。出现这些故障以后,需要检查和修理液压传动系统。

◎ **任务要求**

- 分析 CK6140 数控车床液压系统的检修方法。
- 了解液压传动系统故障诊断的方法。
- 能维护 CK6140 数控车床液压传动系统。

图 2-1 CK6140 数控车床

◎ **资讯**

液压传动系统由于其独特的优点,系统中各元件和工作液体都是在封闭油路内工作,不像机械设备那样直观,也不像电气设备那样可利用各种检测仪器方便地测量各种参数,液压设备中,仅靠有限的几个压力表、流量计等来指示系统某些部位的工作参数,其他参数难以测量,而且一般故障根源有许多种可能,这给液压系统故障诊断带来了一定困难。在生产现场,由于受生产计划和技术条件的制约,要求故障诊断人员准确、简便、高效地诊断出液压设备的故障;要求维修人员利用现有的信息和现场的技术条件,尽可能减少拆装工作量,节省维修工时和费用,用最简单的技术手段,在尽可能短的时间内,准确地找出故障部位和发生故障的原因并加以修理,使系统恢复正常运行,并力求今后不再发生同样的故障。

一、液压系统故障诊断的一般原则

正确分析故障是排除故障的前提,系统故障大部分并非突然发生,发生前总有预兆,当预兆发展到一定程度即产生故障。引起故障的原因是多种多样的,并无固定规律可循。统计表明,液压系统发生的故障约90%是由于使用管理不善所致。为了快速、准确、方便地诊断故障,必须充分认识液压故障的特征和规律,这是故障诊断的基础。故障诊断中需遵循以下原则:

①判明液压系统的工作条件和外围环境是否正常。首先清楚了解是设备机械部分或电器控制部分的故障,还是液压系统本身的故障,同时查清液压系统的各种条件是否符合正常运行的要求。

②区域判断。根据故障现象和特征确定与该故障有关的区域,逐步缩小发生故障的范围,检测此区域内的元件情况,分析发生的原因,最终找出故障的具体所在。

③掌握故障种类进行综合分析,根据故障最终的现象,逐步深入找出多种直接的或间接的可能原因,为避免盲目性,必须根据系统基本原理进行综合分析、逻辑判断,减少怀疑对象,逐步逼近,最终找出故障部位。

④故障诊断是建立在运行记录及某些系统参数基础之上的。建立系统运行记录,这是预防、发现和处理故障的科学依据;建立设备运行故障分析表,它是使用经验的高度概括总结,有助于对故障现象迅速作出判断;具备一定检测手段,可对故障作出准确的定量分析。

⑤验证可能的故障原因时,一般从最可能的故障原因或最易检验的地方开始,这样可减少装拆工作量,提高诊断速度。

二、液压系统故障诊断的方法

通过正确合理的维护保养,找出液压装置故障发生的规律,并不断地改进工作方法,以降低故障率和维修费用,掌握按计划检修的要领,力争实现故障为零的指标。液压系统的故障主要有以下4个方面:

1. 液压油的故障(见表2-1)

表2-1 液压油的故障原因及处理方法

症 状	原 因	处理办法
泵发出噪声	1. 吸入空气	给所有的接头加装密封并拧紧,给油箱加油,检查过滤器上的O形圈
	2. 气穴	清洗被堵塞的进油管路、更换或清洁滤芯
机械、电器指示器显示旁路	1. 旁路弹簧太弱	更换旁通组件
	2. 油芯变脏	清洗或更换滤芯
	3. 油的黏度太大	让系统运行一段时间后指示器复位

续表

症 状	原 因	处理办法
油变脏	1. 过滤精度不当	检查颗粒尺寸并选用合适精度的过滤器
	2. 不适当的更换滤芯	改进维护方法,增加旁通指示
	3. 过滤器失效(泄漏)或破裂	更换过滤器

2. 泵、阀的故障(见表2-2)

表2-2 泵、阀的故障原因及解决方法

故 障	原 因	解决措施
泵压力不足	1. 系统溢流阀压力调得不够高	调整调节螺钉达到所需要的工作压力
	2. 油液从旁路流回油箱	顺次检查回路,注意阀和油管的连接
	3. 压力表损坏或压力表管路不通	在直通泵的压力管上安装一个好的压力表
	4. 主阀调定值低	调整
	5. 阀芯在开启状态下卡住	使阀芯自由活动
	6. 弹簧调节不当或卡住	调整或更换
噪声过大	1. 泵安装不同心	检查泵与机体连接处是否有不当处
	2. 油位低	给油箱加油
	3. 吸油管路、壳体的泄漏通道和轴密封漏气	拧紧或更换零件
	4. 油箱没有透气孔或透气孔堵塞	使油箱能够透气
	5. 吸油管路不畅	检查吸油管及接头、吸油管不被外来物堵塞
	6. 吸油管中有气泡	检查油箱是否有振动,检查过滤器滤网
	7. 零部件磨损或损坏	更换
	8. 阀选型不当	更换
	9. 系统内有空气	排放系统内的空气
系统过热	1. 泵在高于所需要的压力下工作	溢流阀卡住
	2. 泵排除的液压油经溢流阀溢出	溢流阀调的压力太高
	3. 泵内部泄露太大	检查泵元件
	4. 冷却不足	检查溢流阀压力,检查是否有内泄漏
	5. 环境温度太高	隔开热源
	6. 油箱内油太少	将油加到规定油位
	7. 泵的回油管距泵的吸油口太近	把回油管放到远处
	8. 系统泄漏太多	顺次检查系统泄漏情况
	9. 联结不当	检查联结管路
	10. 节流损失较大	调节节流阀

续表

故　障	原　因	解决措施
运动速度不稳定	1.油口杂质堆积和粘附在截留口处	清洗元件、更换液压油
	2.节流阀性能差、或由于震动节流口变化	应选性能更好的节流阀或增加节流锁紧装置
	3.节流阀外部或内部泄漏	修正或更换超差的零件
	4.负载的变化使速度突变	更换节流阀
	5.阻尼装置堵塞	清洗元件、保持油液清洁
	6.密封件损坏	更换密封件

3.蓄能器的故障

蓄能器是储存高压油的装置,当泵处于正常的无负荷状态或空转状态时,就可给蓄能器充油。蓄能器储存的高压油在需要时可以释放出来,补充泵的流量,或在停泵时给系统供油。我们现使用的蓄能器大多为隔膜式或气囊式。蓄能器靠压缩惰性气体来储存能量,通常采用氮气,实际充气压力不能高于临界值,大多数场合,充气压力值应在系统最高压力值的 1/3～1/2 的范围内,这样效果最好,回路工作特性很少变化。特别强调的是,不要使用氧气或含氧气的气体。表 2-3 所示为蓄能器的故障原因及解决方法。

表 2-3　蓄能器的故障原因及解决方法

故　障	原　因	解决措施
响应慢	1.充气压力下降或充压过高	检查充气压力,重新充气
	2.卸荷阀或泵的压力调得太低	调到较高压力
	3.溢流阀调压太低或因卡住而常开	重新调节或清洗
	4.泵没有输出	检查泵
	5.卸荷压力开关调得太低	重调压力开关
失去吸振作用	充气压力下降或充压过高	检查,必要时重新充气或重新调节

4.液压系统故障的四觉诊断法

液压传动系统的故障是各种各样的,产生的原因也是多种多样的。当系统产生故障的时候,应根据"四觉诊断法"分析故障产生的部位和原因,从而决定排除故障的措施。"四觉诊断法"即指检修人员运用触觉、视觉、听觉和嗅觉来分析判断液压传动系统的故障:

①触觉:即检修人员根据触觉来判断油温的高低(元件及其管道)和振动的位置。

②视觉:观察运动是否平稳,系统中是否存在泄漏和油液变色的现象。

③听觉:根据液压泵和液压马达的异常响声、溢流阀的尖叫声及油管的振动等来判断噪声和振动的大小。

④嗅觉:通过嗅觉判断油液变质和液压泵发热烧结等故障。

当液压传动系统出现故障时,正确判断故障点是保证检修有效进行的关键,一般采用逻

辑分析法对故障进行分析,怀疑对象,逐渐逼近,找出发生故障的部位。故障的逻辑分析步骤如下:

设备故障(流量、压力、方向)—液压系统回路图—所要检查的回路清单—检查次序—初检(噪声、过热、振动、泄漏)—用仪器进一步检查—对发生故障的元件进行修理或更换——再思考。

三、液压系统的清洗

液压传动系统中元件、液压油随着使用时间的增加,会受到各种因素的影响而被污染,被污染的液压元件或液压油会严重影响系统工作的稳定性。为保证系统稳定工作和系统使用寿命,必须对液压传动系统进行清洗,清除污染物。在实际生产中,对液压系统进行清洗通常有主系统清洗和全系统清洗两种。全系统清洗是指对液压装置的整个回路进行清洗。在清洗前应将系统恢复到实际运转状态。清洗的介质一般可用液压油,清洗的标准以回路滤网上无杂质为准。

清洗时应注意以下几点:

①清洗时一般可用工作用的液压油或试车油,千万不可用煤油、汽油、酒精、蒸汽或其他液体。

②清洗过程中,液压泵运转和清洗介质加热同时进行。

③清洗过程中,也可以用非金属锤击打油管,以利于清除管内的附着物。

④在清洗油路的回油路上应安装过滤器或滤网。

⑤为防止外界湿气引起锈蚀,在清洗结束时,液压泵应继续运转一段时间,直至温度恢复正常。

四、液压系统的维护

1.对液压系统的日常检查

日常检查的主要内容是检查液压泵启动前的状态、启动后的状态以及停止运转前的状态。

(1)工作前的外观检查

大量的泄漏是很容易发现的,但有时在油管接头的四周积聚着许多污物,少量的泄漏往往不被人们注意,而这种少量的泄漏现象却是系统发生故障的先兆。所以,对于在密封处聚集的污物必须经常检查和清洗。液压工程机械上软管接头的松动往往是机械发生故障的第一个症状,如果发现软管和管道的接头因松动而产生少量泄漏时应立即将接头旋紧。

(2)泵启动前的检查

在泵启动前要注意油箱中油量是否加至上限指示标记,当油温低于 10 ℃时,应使系统在无负载状态下运转 20 min 以上,要使溢流阀处于卸荷位置,并检查压力表是否正常。

(3)泵启动和启动后的检查

泵在启动时用开开停停的方法进行启动,重复几次使油温上升,装置运转灵活后再进入正常运转。在启动过程中,如泵无输出,应立即停止运动;当泵启动,机械运行时,应进行气蚀检查、过热检查和气泡的检查。在系统稳定工作时,除随时注意油量、油温、压力等问题外,还要检查执行元件、控制元件的工作情况,注意整个系统漏油和振动的情况。

2. 液压油的使用和维护

油液的清洁度对液压系统的可靠性至关重要,在正确选用油液以后,还必须使油液保持清洁,防止油液中混入杂质和污物。应经常检查系统中的油液,并根据情况定期更换,一般应当在累计工作1 000 h后换油。在间断使用时,可根据具体情况隔半年或一年换油一次。在换油时,应将底部积存的污物去掉,将油箱清洗干净,向油箱注油时,应通过120目以上的滤油器。

防止空气进入液压系统,在系统不工作时,液压泵必须卸荷。经常注意保持冷却器内水量充足,管路畅通,将油温控制在允许的范围内。

3. 液压系统的维修

在维修液压系统时,要备齐有关常用备件:如液压缸的密封、泵轴密封、各种O型密封圈、电磁阀和溢流阀的弹簧、压力表、过滤元件、各种管接头、软管及电磁铁等,同时准备好使用说明书等相关资料。

在检修过程中,应注意以下事项:

①分解检修的工作场所一定要保持清洁,在检修时,要完全卸除液压系统内的液体压力,同时还要考虑如何处理液压系统的油液问题。在特殊情况下,可将液压系统内的油液排除干净。

②在拆卸油管时,事先应将油管的连接部位周围清洗干净。分解后在油管的开口部位用干净的塑料制品或石蜡纸将油管包扎好,不能用棉纱或破布将油管堵塞住,要避免杂质混入。

③在分解比较复杂的管路时,应在每根油管的连接处扎上编号,以避免装配时将油管装错。

④要更换橡胶类的密封件时,不要用锋利的工具,要注意不碰伤工作表面。

⑤在安装检修时,应将与O形密封圈或其他密封件相接触部件的尖角修钝,以免使密封圈被尖角或毛刺划伤。

⑥分解后再装配时,各零部件必须清洗干净。

⑦在装配前,密封件应浸放在油液中以待使用。在装配时或装配好后,密封圈不应有扭曲现象,而且要保证滑动过程中的润滑性能。

⑧在安装液压元件或管接头时,不要用过大的拧紧力,尤其要防止液压元件壳体变形,滑阀的阀芯不能滑动以及结合部位漏油等现象。

⑨若在重力作用下,执行元件可动部件有可能下降,应用支承架将可动部件牢牢支承住。

◎ **计划、决策**

制订CK6140数控车床液压传动系统故障诊断及维护方案。

◎ **实施**

①清洗滤网;

②清理散热器;

③紧固检查连接部位;

④液压传动系统的排气;

⑤调定系统压力;

⑥找到故障点并正确解决问题;

⑦完成任务并经老师检查评估后,关闭油泵,将工具放回原位,做好实验室5S。

◎ 检查、评价

表2-4　任务检查评价表

考核内容		自　评	组长评价	教师评价
		达到标准画√,没达到标准画×		
操作过程	1.工作前的外观检查	☐	☐	☐
	2.泵启动前的检查	☐	☐	☐
	3.清洗滤网	☐	☐	☐
	4.清理散热器	☐	☐	☐
	5.紧固检查连接部位	☐	☐	☐
	6.液压传动系统的排气	☐	☐	☐
	7.调定系统压力	☐	☐	☐
	8.找到故障点并正确解决问题	☐	☐	☐
	9.任务完成收尾工作	☐	☐	☐
工作态度	1.不旷课	☐	☐	☐
	2.不迟到,不早退	☐	☐	☐
	3.学习积极性高	☐	☐	☐
	4.学习认真,虚心好学	☐	☐	☐
职业操守	1.安全、文明工作	☐	☐	☐
	2.具有良好的职业操守	☐	☐	☐
团队合作	1.服从组长的工作安排	☐	☐	☐
	2.按时完成组长分配的任务	☐	☐	☐
	3.热心帮助小组其他成员	☐	☐	☐
项目完成	1.故障诊断完成	☐	☐	☐
	2.维护完成	☐	☐	☐
评价等级				
项目最终评价(自评20%,组评30%,师评50%)				

情境小结

本情境讲了液压系统故障诊断的原则、液压系统故障诊断的方法、液压系统的清洗。液压系统发生的故障约90%是由于使用管理不善所致,对液压系统我们要加强管理,尽量减少故障的产生。

学习情境三　气压传动系统的安装与调试

情境描述

　　像液压传动一样,气压传动也是利用流体作为工作介质来实现传动的,气压传动与液压传动的基本工作原理、系统组成、元件结构及图形符号等方面有很多相似之处,所以在学习这部分内容时,前述的液压传动的知识,在此有很大的参考和借鉴作用。本情境通过完成 5 个具体的任务学习气压传动的工作原理和组成、气压传动各组成部分的结构和工作原理、基本气动回路的连接、气动系统原理图的识读、气动系统控制回路的构建。图 3-1 所示为气动机械手。

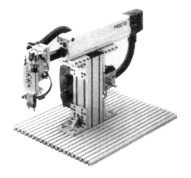

图 3-1　气动机械手

知识目标

- 掌握气压传动的工作原理及系统组成;
- 掌握气动元件的工作原理、组成和符号;
- 掌握气动基本回路的连接;
- 学会构建气动系统控制回路的方法;
- 了解气动系统原理图的识读方法。

能力目标

- 能够区分气动系统的各个组成部分;
- 能够连接基本回路;
- 能够识读气动系统工作原理图;
- 能够构建气动系统控制回路。

任务 1　剪切机气动系统的认知

◎ 任务说明

　　在实验台上,操作由教师构建好的气动剪切机的气压传动系统,控制汽缸的往复动作,了解系统的组成、工作原理及各部分的功用。

◎ 任务要求

- 在实验台上,区分气压传动的各个组成部分。
- 了解各个组成部分的功用。
- 了解气动实验台的使用方法。

◎ 资讯

气压传动是以压缩气体为工作介质,靠气体的压力传递动力或信息的流体传动。传递动力的系统是将压缩气体经由管道和控制阀输送给气动执行元件,把压缩气体的压力能转换为机械能而做功;传递信息的系统是利用气动逻辑元件或射流元件以实现逻辑运算等功能,亦称气动控制系统。气压传动的特点是:工作压力低,一般为 0.3～0.8 MPa,气体黏度小,管道阻力损失小,便于集中供气和中距离输送,使用安全,无爆炸和电击危险,有过载保护能力,但气压传动速度低,需要气源。

一、气压传动系统的工作原理

通过下面一个典型气压传动系统来理解气动系统如何进行能量和信号传递,如何实现控制自动化。

图 3-2 所示为气动剪切机的工作原理图,图示位置为剪切前的情况。空气压缩机 1 产生的压缩空气经后冷却器 2、分水排水器 3、储气罐 4、分水滤气器 5、减压阀 6、油雾器 7 到达换向阀 9,部分气体经节流通路进入换向阀 9 的下腔,使上腔弹簧压缩,换向阀 9 阀芯位于上端,大部分压缩空气经换向阀 9 后进入汽缸 10 的上腔,而汽缸的下腔经换向阀与大气相通,使汽缸活塞处于最下端位置。当上料装置把工料 11 送入剪切机并到达规定位置时,工料压下行程阀 8,此时换向阀 9 阀芯下腔压缩空气经行程阀 8 排入大气,在弹簧的推动下,换向阀 9 阀芯向下运动至下端;压缩空气则经换向阀 9 后进入汽缸的下腔,上腔经换向阀 9 与大气相通,汽缸活塞向上运动,带动剪刀上行剪断工料。工料剪下后,即与行程阀 8 脱开。行程阀 8 阀芯在弹簧作用下复位,出路堵死。换向阀 9 阀芯上移。汽缸活塞向下运动,又恢复到剪断前的状态。

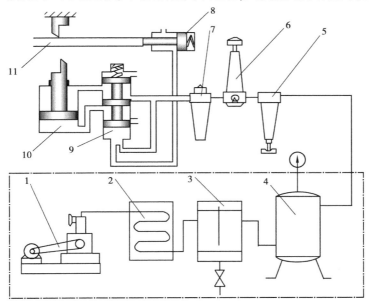

图 3-2　气动剪切机的气压传动系统

1—空气压缩机;2—后冷却器;3—分水排水器;4—储气罐;5—分水滤气器;
6—减压阀;7—油雾器;8—行程阀;9—气控换向阀;10—汽缸;11—工料

图 3-3 所示为用图形符号绘制的气动剪切机气压传动系统原理图。

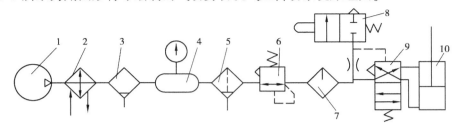

图 3-3　气动剪切机气压传动系统图形符号原理图
1—空气压缩机;2—后冷却器;3—油水分离器;4—储气罐;5—分水滤气器;
6—减压阀;7—油雾器;8—行程阀;9—气控换向阀;10—汽缸

二、气压传动系统的组成

在气压传动系统中,根据气动元件和装置的不同功能,可将气压传动系统分成以下 4 个组成部分,如图 3-2 所示。

1. 气源装置

气源装置将原动机提供的机械能转变为气体的压力能,为系统提供压缩空气。它主要由空气压缩机构成,还配有储气罐、气源净化处理装置等附属设备。

2. 执行元件

执行元件起能量转换作用,把压缩空气的压力能转换成工作装置的机械能。主要形式有:汽缸输出直线往复式机械能、摆动汽缸和气马达分别输出回转摆动式和旋转式的机械能。对于以真空压力为动力源的系统,采用真空吸盘以完成各种吸吊作业。

3. 控制元件

控制元件用来对压缩空气的压力、流量和流动方向进行调节和控制,使系统执行机构按功能要求的程序和性能工作。根据完成功能不同,控制元件种类有很多种,气压传动系统中一般包括压力、流量、方向和逻辑 4 大类控制元件。

4. 辅助元件

辅助元件是用于元件内部润滑、排除噪声、元件间的连接以及信号转换、显示、放大、检测等所需的各种气动元件,如油雾器、消声器、管件及管接头、转换器、显示器、传感器等。

三、气压传动具有以下优点

1. 使用方便

空气作为工作介质,到处都有,来源方便,用过以后直接排入大气,不会污染环境,可少设置或不必设置回气管道。

2. 系统组装方便

使用快速接头可以非常简单地进行配管,因此系统的组装、维修以及元件的更换比较简单。

3. 快速性好

动作迅速,反应快,可在较短的时间内达到所需的压力和速度。在一定的超载运行下也能保证系统安全工作,并且不易发生过热现象。

4. 安全可靠

压缩空气不会爆炸或着火,在易燃、易爆场所使用不需要昂贵的防爆设施。可安全可靠地应用于易燃、易爆、多尘埃、辐射、强磁、振动、冲击等恶劣的环境中。

5. 储存方便

气压具有较高的自保持能力,压缩空气可储存在储气罐内,随时取用。即使压缩机停止运行,气阀关闭,气动系统仍可维持一个稳定的压力,故不需压缩机的连续运转。

6. 可远距离传输

由于空气的黏度小,流动阻力小,管道中空气流动的沿程压力损失小,有利于介质集中供应和远距离输送。空气不论距离远近,极易由管道输送。

7. 能过载保护

气动机构与工作部件可以超载而停止不动,因此无过载的危险。

8. 清洁

基本无污染,对于要求高净化、无污染的场合,如食品、印刷、木材和纺织工业等是极为重要的,气动具有独特的适应能力,优于液压、电子、电气控制。

四、气压传动的缺点

1. 速度稳定性差

由于空气可压缩性大,汽缸的运动速度易随负载的变化而变化,稳定性较差,给位置控制和速度控制精度带来较大影响。

2. 需要净化和润滑

压缩空气必须经良好的处理,去除含有的灰尘和水分。空气本身没有润滑性,系统中必须采取措施对元件进行给油润滑,如加油雾器等装置进行供油润滑。

3. 输出力小

经济工作压力低(一般低于 0.8 MPa),因而气动系统输出力小,在相同输出力的情况下,气动装置比液压装置尺寸大。输出力限制在 20 ~ 30 kN 之间。

4. 噪声大

排放空气的声音很大,需要加装消音器,现在这个问题已因吸音材料和消音器的发展大部分获得解决。

五、气压传动的应用

目前气动控制装置在下述几方面有普遍的应用:

①机械制造业。其中包括机械加工生产线上工件的装夹及搬送,铸造生产线上的造型、捣固、合箱等。在汽车制造中,汽车自动化生产线、车体部件自动搬运与固定、自动焊接等。

②电子 IC 及电器行业。如用于硅片的搬运,元器件的插装与锡焊,家用电器的组装等。

③石油、化工业。用管道输送介质的自动化流程绝大多数采用气动控制,如石油提炼加工、气体加工、化肥生产等。

④轻工食品包装业。其中包括各种半自动或全自动包装生产线,如酒类、油类、煤气罐装,各种食品的包装等。

⑤机器人。例如:装配机器人,喷漆机器人,搬运机器人以及爬墙、焊接机器人等。

⑥其他。如车辆刹车装置,车门开闭装置,颗粒物质的筛选,鱼雷导弹自动控制装置等。目前各种气动工具的广泛使用,也是气动技术应用的一个组成部分。

◎ **计划、决策**

①分成 3～5 人一组。
②操作气动剪切机传动系统。
③观察各个部分的运动情况。
④分清各个不同的组成部分。
⑤描述各组成部分的功用。
⑥叙述气压传动的工作原理。

◎ **实施**

指出图 3-4 中各组成部分的名称及作用。

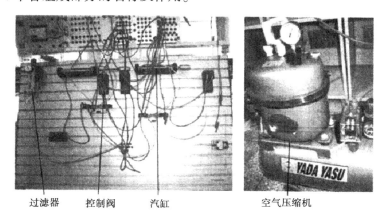

过滤器　　控制阀　　汽缸　　　　　　　空气压缩机

图 3-4　气动系统试验台

1. 气源装置

图 3-4 中的空气压缩机是气源装置的核心,它将电动机输入的机械能转化为气体的压力能,即压缩空气。

2. 执行元件

图 3-4 中的汽缸在压缩空气的推动下移动,可以对外输出推力,通过它把压缩空气的压力能释放出来,转换成机械能,是执行元件。

3. 控制元件

图 3-4 中的控制阀控制汽缸的运动方向,是控制元件。

4. 辅助元件

图 3-4 中的过滤器能除去压缩空气中的固态杂质、水滴和油污等污染物,是气压系统中不可缺少的元件,是气压系统的辅助元件。

◎ 检查、评价

表 3-1　任务 1 检查评价表

考核内容		自　评	组长评价	教师评价
		达到标准画√,没达到标准画×		
作业完成	1. 按时完成任务	☐	☐	☐
	2. 内容正确	☐	☐	☐
	3. 字迹工整,整洁美观	☐	☐	☐
操作过程	1. 正确启动气泵	☐	☐	☐
	2. 正确调整系统的工作压力范围	☐	☐	☐
	3. 正确操作剪板机气动回路	☐	☐	☐
	4. 正确区分各组成部分	☐	☐	☐
	5. 正确描述各指出部分的功用	☐	☐	☐
	6. 正确描述气压传动的工作原理	☐	☐	☐
工作态度	1. 不旷课	☐	☐	☐
	2. 不迟到,不早退	☐	☐	☐
	3. 学习积极性高	☐	☐	☐
	4. 学习认真,虚心好学	☐	☐	☐
职业操守	1. 安全、文明工作	☐	☐	☐
	2. 具有良好的职业操守	☐	☐	☐
团队合作	1. 服从组长的工作安排	☐	☐	☐
	2. 按时完成组长分配的任务	☐	☐	☐
	3. 热心帮助小组其他成员	☐	☐	☐
项目完成	1. 操作完成	☐	☐	☐
	2. 原理、组成叙述完成	☐	☐	☐
项目报告	1. 报告书规范、排版好	☐	☐	☐
	2. 结构完整,内容翔实	☐	☐	☐
	3. 能将任务的设计过程及结果完整展现	☐	☐	☐
评价等级				
项目最终评价(自评20%,组评30%,师评50%)				

◎ **知识拓展**

气源系统一般由 3 部分组成,产生压缩空气的气压发生装置(如空气压缩机)、输送压缩空气的管道系统和压缩空气的净化处理系统。

一、空气压缩机

空气压缩机是气源系统中的主要设备,它是将原动机的机械能转换成气体压力能的装置。其结构形式和规格品种很多。

1. 空气压缩机的种类

空气压缩机有多种分类方法,常用的有如下几种:

①按工作原理分为容积式空气压缩机和速度式空气压缩机两类。容积式空气压缩机是通过压缩空气的方法,使单位体积内气体分子密度增加而提高气体压力的。容积式空气压缩机有活塞式、螺杆式、膜片式、叶片式等类型,气动系统中,一般多采用容积式空气压缩机;速度式空气压缩机是利用提高气体分子速度的方法,使气体分子具有的动能转化为气体的压力能,如离心式和轴流式空气压缩机。

②按输出压力分为低压空气压缩机、中压空气压缩机、高压空气压缩机和超高压空气压缩机。

③按输出流量分为小型、中型和大型空气压缩机。

2. 空气压缩机的工作原理

最常用的空气压缩机是往复活塞式空气压缩机,其工作原理如图 3-5 所示。

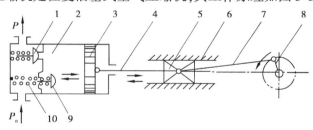

图 3-5 活塞式空气压缩机工作原理

1—排气阀; 2—汽缸;3—活塞; 4—活塞杆;5,6—十字头与滑道;
7—连杆; 8—曲柄;9—吸气阀;10—弹簧

图中曲柄 8 做回转运动时,通过连杆 7、滑块 5、活塞杆 4 带动活塞 3 做往复直线运动。当活塞 3 向右运动时,汽缸 2 的密封腔内形成局部真空,吸气阀 9 打开,空气在大气压力作用下进入汽缸,此过程称为吸气过程;当活塞向左运动时,吸气阀关闭。缸内空气被压缩,此过程称为压缩过程;当汽缸内被压缩的空气气压高于排气管内的压力时,排气阀 1 即被打开,压缩空气进入排气管内,此过程称为排气过程。

图中所示为单缸式空气压缩机,工程实际中常用的空气压缩机大多是多缸式。

二、压缩空气净化装置

1. 冷却器

冷却器安装在空气压缩机的后面,也称后冷却器。它将空气压缩机排出的压缩空气的温度由 140～170 ℃降至 40～50 ℃,使压缩空气中油雾和水汽达到饱和,其大部分凝结成油滴和水滴而析出。常用冷却器的结构形式有蛇形管式、列管式、散热片式、套管式等,冷却方式有水冷式和气冷式两种。图 3-6 所示为列管水冷式冷却器的结构原理及其符号。

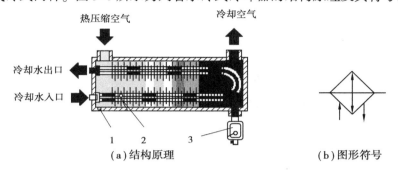

图 3-6 冷却器的结构原理及图形符号
1—外壳;2—冷却水管;3—自动排水器

2. 油水分离器

油水分离器安装在后冷却器后面的管道上,其作用是分离并排除空气中凝结的水分、油分和灰尘等杂质,使压缩空气得到初步净化。油水分离器的结构形式有环行回转式、撞击折回式、离心旋转式、水浴式以及以上形式的组合等。图 3-7 所示为撞击折回式油水分离器的结构原理及其图形符号,当压缩空气由入口进入油水分离器后,首先与隔板撞击,一部分水和油留在隔板上,然后气流上升产生环行回转。这样凝结在压缩空气中的小水滴、油滴及灰尘杂质受惯性力作用而分离析出,沉降于壳体底部,并由下面的放水阀定期排出。

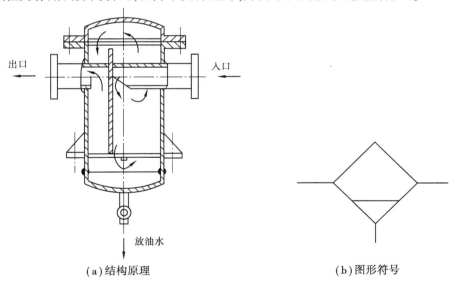

图 3-7 油水分离器

3. 空气过滤器

空气过滤器的作用是滤除压缩空气中的杂质微粒(如灰尘、水分等),达到系统所要求的净化程度。常用的过滤器有一次过滤器(也称简易过滤器)和二次过滤器。图 3-8 所示是作为二次过滤器用的分水滤气器的结构原理。从入口进入的压缩空气被引入旋风叶子板 1,导流板上有许多呈一定角度的缺口,迫使空气沿切线向产生强烈旋转。这样夹杂在空气中的较大的水滴、油滴、灰尘等便依靠自身的惯性与存水杯 3 的内壁碰撞,并从空气中分离出来,沉到杯底。而微小灰尘和雾状水汽则由滤芯 2 滤除。为防止气体旋转将存水杯中积存的污水卷起,在滤芯 2 底部设有挡水扳 4。在水杯中的污水应通过下面的排水阀 5 及时排放掉。

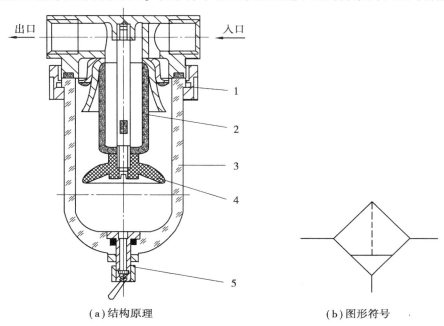

（a）结构原理 　　　　　　　（b）图形符号

图 3-8　空气过滤器

1—旋风叶子板；2—滤芯；3—存水杯；4—挡水板；5—排水阀

4. 干燥器

压缩空气经过除水、除油、除尘的初步净化后,已能满足一般气压传动系统的要求。而对某些要求较高的气动装置或气动仪表,其用气还需要经过干燥处理。图 3-9 所示的是一种常用的吸附式干燥器的结构原理。当压缩空气通过吸附剂(如活性氧化铝、硅胶等)后,水分即被吸附,从而达到干燥的目的。

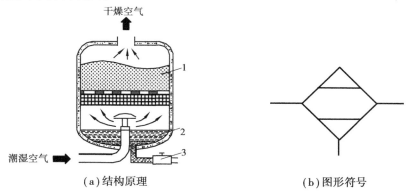

（a）结构原理 　　　　　　　（b）图形符号

图 3-9　干燥器

1—干燥剂；2—冷凝水；3—冷凝水排水阀

5. 储气罐

储气罐的功用：一是消除压力波动；二是储存一定量的压缩空气，维持供需气量之间的平衡；三是进一步分离气中的水、油等杂质。储气罐一般采用圆筒状焊接结构，有立式和卧式两种，通常以立式应用较多，如图3-10所示。

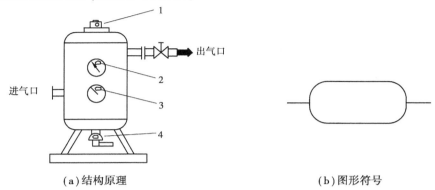

（a）结构原理　　　　　　　　　　　（b）图形符号

图3-10　储气罐

1—安全阀；2—压力表；3—检修盖；4—排水阀

上述冷却器、油水分离器、过滤器、干燥器和储气灌等元件通常安装在空气压缩机的出口管路上，组成一套气源净化装置，是压缩空气站的重要组成部分。

6. 油雾器

压缩空气通过净化后，所含污油、浊水得到了清除。但是一般的气动装置还要求压缩空气具有一定的润滑性，以减轻其对运动部件的表面磨损，改善其工作性能，因此要用油雾器对压缩空气喷洒少量的润滑油。油雾器的工作原理如图3-11所示，压缩空气从输入口进入油

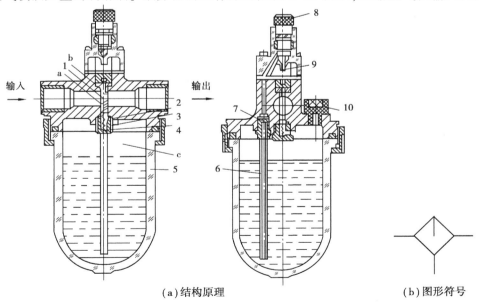

（a）结构原理　　　　　　　　　　　（b）图形符号

图3-11　油雾器的工作原理及图形符号

1—立杆；2—截止阀阀芯；3—弹簧；4—阀座；5—储油杯；6—吸油管；

7—单向阀；8—节流阀；9—视油器；10—油塞

雾器后,绝大部分经主管道输出,一小部分气流进入立杆 1 上正对气流方向的小孔 a,经截止阀进入储油杯 5 的上腔 c 中,使油面受压。而立杆 1 上背对气流方向的孔 b 由于其周围气流的高速流动,其压力低于气流压力。这样,油面气压与孔 b 压力间存在压差,润滑油在此压差作用下,经吸油管 6、单向阀 7 和节流阀 8 滴落到透明的视油器 9 内,并顺着油路被主管道中的高速气流从孔 b 引射出来,雾化后随空气一同输出。视油器 9 上部的节流阀 8 用以调节滴油量,可在 0~200 滴/min 范围内调节。

分水滤气器(空气过滤器)、减压阀、油雾器三件通常组合使用,称为气动三联件,是多数气动设备必不可少的气源装置,其安装次序依进气方向为分水滤气器、减压阀、油雾器。

任务 2 生产线送料装置气动系统安装与调试

◎ **任务说明**

图示 3-12 所示为送料装置的工作示意图,工作要求为:当工件加工完成后,按下按钮,送料汽缸伸出,把未加工的工件送到加工位置,然后送料汽缸收回,以待把下一个未加工工件送到加工位置。汽缸能够左右移动,就需要使用方向控制阀对该机构实行方向控制。构建送料装置的控制系统回路。

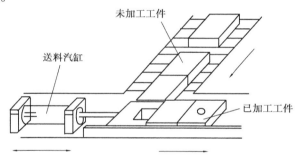

图 3-12 生产线送料装置

◎ **任务要求**
- 能根据要求选择气动控制元件。
- 能够选择气动基本回路。
- 能根据气动系统原理图完成气动系统仿真。
- 能根据气动系统原理图连接气动回路。
- 会对气动回路进行调节。

◎ **资讯**

一、气动执行元件

气动执行元件的作用是将压缩空气的压力能转换为机械能,驱动工作部件工作。它有汽缸和气动马达两种形式。汽缸和气动马达在结构和工作原理上,与液压缸和液压马达相似。

1. 汽缸

（1）汽缸的分类

在气动自动化系统中，汽缸由于其具有相对较低的成本、容易安装、结构简单、耐用、各种缸径尺寸及行程可选等优点，因而是应用最广泛的一种执行元件。

根据使用条件不同，汽缸的结构、形状和功能有多种形式，汽缸的分类方法也很多，常用的有以下几种：

①按压缩空气作用在活塞端面上的方向可分为单作用汽缸和双作用汽缸。单作用汽缸只有一个方向的运动是靠气压传动，活塞的复位是靠弹簧力或重力；双作用汽缸的往返全都靠压缩空气来完成。

②按结构特点可分为活塞式汽缸、叶片式汽缸、薄膜式汽缸和气液阻尼缸等。

③按安装方式可分为耳座式、法兰式、轴销式和凸缘式。

④按汽缸的功能可分为普通汽缸和特殊汽缸。普通汽缸主要指活塞式单作用汽缸和双作用汽缸。特殊汽缸包括气液阻尼缸、薄膜式汽缸、冲击式汽缸、增压汽缸、步进汽缸和回转汽缸等。

⑤按尺寸分类。通常称缸径为 2.5～6 mm 的为微型汽缸，缸径为 8～25 mm 的为小型汽缸，缸径为 32～320 mm 的为中型汽缸，缸径大于 320 mm 的为大型汽缸。

⑥按安装方式分为如下两类：

a. 固定式汽缸：缸体安装在机体上固定不动，如图 3-13（a）、（b）、（c）、（d）所示。

b. 摆动式汽缸：缸体围绕一个固定轴可做一定角度的摆动，如图 3-13（e）、（f）、（g）所示。

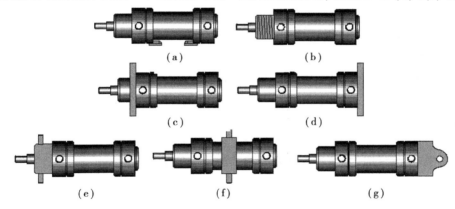

（a）　　　　　　　　　　　　　　　（b）

（c）　　　　　　　　　　　　　　　（d）

（e）　　　　　　　　（f）　　　　　　　　（g）

图 3-13　汽缸按安装方式分类

（2）普通汽缸

普通汽缸是指缸筒内只有一个活塞和一个活塞杆的汽缸，有单作用汽缸和双作用汽缸两种。

①双作用汽缸动作原理。

如图 3-14 所示为普通型单活塞杆双作用汽缸的结构原理。双作用汽缸一般由缸筒 1、前缸盖 3、后缸盖 2、活塞 8、活塞杆 4、密封件和紧固件等零件组成。缸筒 1 与前后缸盖之间由 4 根螺杆将其紧固锁定。缸内有与活塞杆相连的活塞，活塞上装有活塞密封圈。为防止漏气和外部灰尘的侵入，前缸盖上装有活塞杆、密封圈和防尘密封圈。这种双作用汽缸被活塞分成两个腔室：有杆腔（简称头腔或前腔）和无杆腔（简称尾腔或后腔），有活塞杆的腔室称为有杆腔,无活塞杆的腔室称为无杆腔。

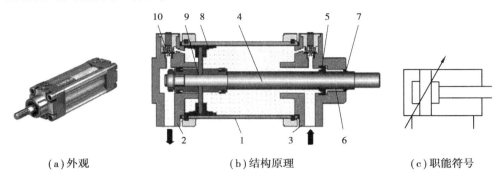

（a）外观   （b）结构原理   （c）职能符号

图 3-14　普通型单活塞杆双作用汽缸

1—缸筒;2—后缸盖;3—前缸盖;4—活塞杆 5—防尘密封圈;6—导向套;
7—密封圈;8—活塞;9—换冲柱塞;10—缓冲节流阀

从无杆腔端的气口输入压缩空气时,气压作用在活塞左端面上的力克服摩擦力、负载等,使活塞向右运动,有杆腔内的空气经该端气口排出,使活塞杆伸出。同样,当有杆腔端气口输入压缩空气时,活塞杆缩回至初始位置。通过无杆腔和有杆腔交替进气和排气,活塞杆伸出和缩回,汽缸实现往复直线运动。

汽缸缸盖上未设置缓冲装置的汽缸称为无缓冲汽缸,缸盖上设置有缓冲装置的汽缸称为缓冲汽缸。如图 3-14 所示的汽缸为缓冲汽缸,缓冲装置由缓冲节流阀 10、缓冲柱塞 9 和缓冲密封圈等组成。当汽缸行程接近终端时,由于缓冲装置的作用,可以防止高速运动的活塞撞击缸盖的现象发生。

②单作用汽缸动作原理。

单作用汽缸在缸盖一端气口输入压缩空气,使活塞杆伸出（或缩回）,而另一端靠弹簧力、自重或其他外力等使活塞杆恢复到初始位置。单作用汽缸只在动作方向需要压缩空气,主要用在夹紧、退料、阻挡、压入、举起和进给等操作上,故可节约一半压缩空气。

根据复位弹簧位置将单作用汽缸分为预缩型汽缸和预伸型汽缸。当弹簧装在有杆腔内时,由于弹簧的作用力而使汽缸活塞杆初始位置处于缩回位置,这种汽缸称为预缩型单作用汽缸;当弹簧装在无杆腔内时,汽缸活塞杆初始位置为伸出位置的称为预伸型汽缸。

图 3-15 所示为预缩型单作用汽缸结构原理,这种汽缸在活塞杆侧装有复位弹簧,在前缸盖上开有呼吸用的气口。除此之外,其结构基本上和双作用汽缸相同。单作用汽缸行程受内装回程弹簧自由长度的影响,其行程长度一般在 100 mm 以内。

（3）无杆汽缸

无杆汽缸没有普通汽缸的刚性活塞杆,它利用活塞直接或间接地实现往复运动。有效行程为 L 的普通汽缸,沿行程方向的实际占有安装空间约为 2.2L。对于无杆汽缸,占有的安装空间仅为 1.2L,行程缸径比可达 50 ~ 100。没有活塞杆,还能避免由于活塞杆及杆密封圈的损伤而带来的故障。而且,由于无杆汽缸活塞两侧受压面积相等,双向行程具有同样的推力,有利于提高定位精度。

这种汽缸的最大优点是节省了安装空间,特别适用于小缸径、长行程的场合。无杆汽缸现已广泛用于数控机床、注塑机等的开门装置上及多功能坐标机器手的位移和自动输送线上工件的传送等。

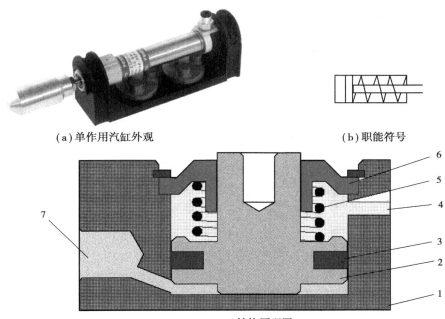

（a）单作用汽缸外观　　　　　　　　　　（b）职能符号

（c）结构原理图

图3-15　单作用汽缸

1—缸体;2—活塞;3—活塞密封圈;4—呼吸孔;5—弹簧;6—缸盖;7—进气口

无杆汽缸主要分机械接触式和磁性耦合式两种,且将磁性耦合无杆汽缸称为磁性汽缸。

图3-16所示为无杆汽缸。在拉制而成的不等壁厚的铝制缸筒上开有管状沟槽缝,为保证开槽处的密封,设有内外侧密封带。内侧密封带3靠气压力将其压在缸筒内壁上,起密封作用。外侧密封带4起防尘作用。活塞轭7穿过长开槽,把活塞5和滑块6连成一体。活塞轭7又将内、外侧密封带分开,内侧密封带穿过活塞轭,外侧密封带穿过活塞轭与滑块之间,但内、外侧密封带未被活塞轭分开处相互夹持在缸筒开槽上,以保持槽被密封。内、外侧密封带两端都固定在汽缸缸盖上。与普通汽缸一样,两端缸盖上带有气缓冲装置。在压缩空气作用下,活塞—滑块机械组合装置可以做往复运动。这种无杆汽缸通过活塞—滑块机械组合装置传递汽缸输出力,缸体上管状沟槽可以防止其扭转。图3-16（a）为无杆汽缸的外观图,（b）为其结构图,（c）为其图形符号。

（4）磁感应汽缸

图3-17为一种磁性耦合的无杆汽缸。它是在活塞上安装了一组高磁性的永久磁环4,磁力线通过薄壁缸筒(不锈钢或铝合金非导磁材料)与套在外面的另一组磁环2相互作用。由于两组磁环极性相反,因此它们之间有很强的吸力。若活塞在一侧输入气压作用下移动,则在磁耦合力作用下带动套筒与负载一起移动。在汽缸行程两端设有空气缓冲装置。

它的特点是体积小,重量轻,无外部空气泄漏,维修保养方便等。当速度快、负载大时,内外磁环易脱开,即负载大小受速度影响,且磁性耦合的无杆汽缸中间不可能增加支撑点,最大行程受到限制。

（5）带磁性开关的汽缸

带磁性开关的汽缸是指在汽缸的活塞上装有一个永久性磁环,磁性开关装在汽缸的缸筒外侧,其余部分和一般汽缸并无两样。汽缸有各种型号,但其缸筒必须是导磁性弱、隔磁性强的材料,如铝合金、不锈钢、黄铜等。当随汽缸移动的磁环靠近磁性开关时,舌簧开关的两根簧片被磁化而触点闭合,产生电信号;当磁环离开磁性开关后,簧片失磁,触点断开。这样可以检测到汽缸的活塞位置而控制相应的电磁阀动作。图 3-18 为带磁性开关汽缸的工作原理图。

以前,汽缸行程位置的检测是靠在活塞杆上设置行程挡块触动机械行程阀来发送信号

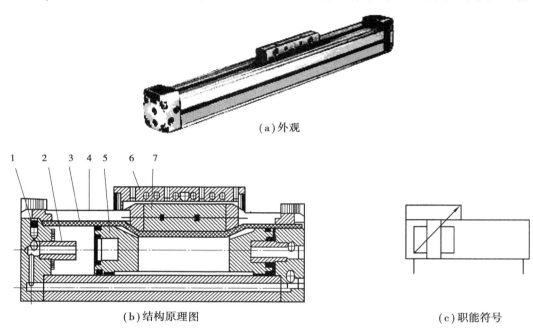

(a)外观

(b)结构原理图　　　　　　　　　　　　　　(c)职能符号

图 3-16　机械耦合无杆汽缸

1—节流阀;2—缓冲柱塞;3—内侧密封带;4—外侧密封带;5—活塞;6—滑块;7—活塞轭

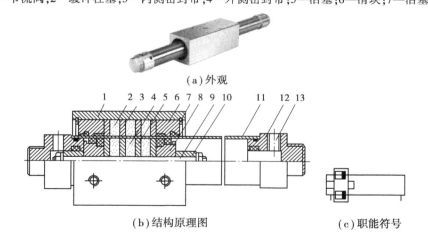

(a)外观

(b)结构原理图　　　　　　　　　(c)职能符号

图 3-17　磁性无活塞杆汽缸

1—套筒(移动支架);2—外磁环(永久磁铁);3—外磁导板;4—内磁环(永久磁铁);

5—内衬磁板;6—压板;7—卡环;8—活塞;9—活塞轴;

10—换冲柱塞;11—汽缸筒;12—端盖;13—排气口

的,它给设计、安装、制造带来很多不便。相比之下,采用带磁性开关的汽缸使用方便,结构紧凑,开关反应时间快,因此得到了广泛应用。

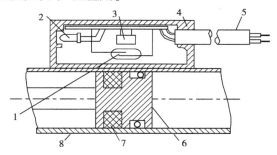

图 3-18　带磁性开关的汽缸的工作原理图
1—舌簧开关;2—动作指示灯;3—保护电路;4—开关外壳;5—导线
6—活塞;7—磁环(永久磁环);8—缸筒

(6)摆动汽缸

摆动汽缸是输出轴被限制在某个角度内做往复摆运动的一种汽缸,又称为旋转汽缸。摆动汽缸目前在工业上应用广泛,多用于安装位置受到限制或转动角度小于360°的回转工作部件,其动作原理也是将压缩空气的压力能转变为机械能。常用的摆动汽缸的最大摆动角度分为90°、180°、270°三种规格。

按照摆动汽缸的结构特点可分为齿轮齿条式和叶片式两类。

①齿轮齿条式摆动汽缸。

齿轮齿条式摆动汽缸有单齿条和双齿条两种。图3-19所示为单齿条式摆动汽缸,其结构原理为压缩空气推动活塞6,从而带动齿条组件3做直线运动,齿条组件3则推动齿轮4做旋转运动,由输出轴5(齿轮轴)输出力矩。输出轴与外部机构的转轴相连,让外部机构做摆动。

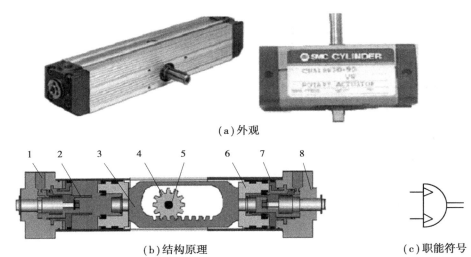

(a)外观

(b)结构原理　　　　　　　　　　　　　　　(c)职能符号

图 3-19　齿轮齿条式摆动汽缸结构原理
1—缓冲节流阀;2—换冲柱塞;3—齿条组件;4—齿轮;5—输出轴;6—活塞;7—缸体;8—端盖

②叶片式摆动汽缸。

叶片式摆动汽缸可分为单叶片式、双叶片式和多叶片式3种。叶片越多,摆动角度越小,扭矩越大。单叶片型输出摆动角度小于360°,双叶片型输出摆动角度小于180°,三叶片型则在120°以内。图3-20(b)、(c)所示分别为单、双叶片式摆动汽缸的结构原理。在定子上有两条气路,当左腔进气时,右腔排气,叶片在压缩空气作用下逆时针转动;反之,做顺时针转动。

摆动旋转叶片将压力传递到驱动轴上做摆动。可调止动装置与旋转叶片相互独立,挡块可以调节摆动角度大小。在终端位置,弹性缓冲垫可缓和冲击。图3-20(a)所示为叶片式汽缸的外观。

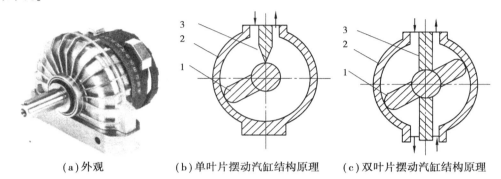

(a)外观　　　(b)单叶片摆动汽缸结构原理　　(c)双叶片摆动汽缸结构原理

图3-20　叶片式摆动汽缸

1—叶片;2—定子;3—挡块

(7)气爪(手指汽缸)

气爪能实现各种抓取功能,是现代气动机械手的关键部件。图3-21所示的气爪具有如下特点:

①所有的结构都是双作用的,能实现双向抓取,可自动对中,重复精度高;

②抓取力矩恒定;

③在汽缸两侧可安装非接触式检测开关;

④有多种安装、连接方式。

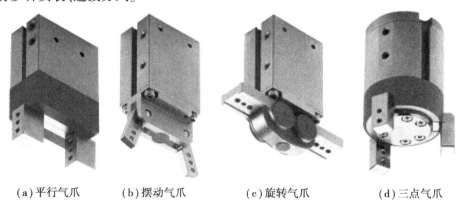

(a)平行气爪　　(b)摆动气爪　　(c)旋转气爪　　(d)三点气爪

图3-21　气爪

图3-21(a)所示为平行气爪,平行气爪通过两个活塞工作,使两个气爪对心移动。这种气爪可以输出很大的抓取力,既可用于内抓取,也可用于外抓取。

图 3-21(b)所示为摆动气爪,内、外抓取 40°摆角,抓取力大,并确保抓取力矩始终恒定。

图 3-21(c)所示为旋转气爪,其动作和齿轮齿条的啮合原理相似。两个气爪可同时移动并自动对中,其齿轮齿条原理确保了抓取力矩始终恒定。

图 3-21(d)所示为三点气爪,3 个气爪同时开闭,适合夹持圆柱体工件及工件的压入工作。

(8)气、液阻尼缸

气、液阻尼缸是一种由汽缸和液压缸构成的组合缸。它由汽缸产生驱动力,用液压缸的阻尼调节作用获得平稳运动。这种汽缸常用于机床和切削加工的进给驱动装置,用于克服普通汽缸在负载变化较大时容易产生的"爬行"或"自移"现象,可以满足驱动刀具进行切削加工的要求。

图 3-22 所示为串联式气、液阻尼缸原理。它的液压缸和汽缸共用同一缸体,两活塞固联在同一活塞杆上。当汽缸右腔供气左腔排气时,活塞杆伸出的同时带动液压缸活塞左移,此时,液压缸左腔排油经节流阀流向右腔,对活塞杆的运动起阻尼作用。调节节流阀便可控制排油速度,由于两活塞固联在同一活塞杆上,因此,也控制了汽缸活塞的左行速度。

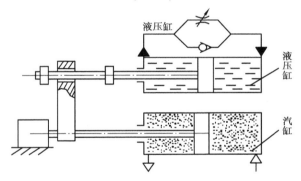

图 3-22　串联式气、液阻尼缸

反向运动时,因单向阀开启,所以活塞杆可快速缩回,液压缸无阻尼。油箱是为了克服液压缸两腔面积差和补充泄漏用的,如将汽缸、液压缸位置改为图 3-23 所示的并联式气、液阻尼缸,则油箱可省去,改为油杯补油即可。

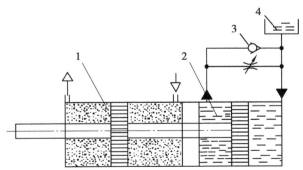

图 3-23　并联式气、液阻尼缸
1—汽缸;2—液压缸;3—单向阀;4—油箱;5—节流阀

2. 气动马达

气动马达是将压缩空气的压力能转换成旋转运动机械能的能量转换装置。按结构形式

119

可分为叶片式、活塞式、齿轮式等。最为常用的是叶片式和活塞式两种。叶片式气动马达制造简单,结构紧凑,但低速启动转矩小,低速性能不好,适宜性能要求低或中等功率的机械。目前,在矿山机械及风动工具中应用普遍。活塞式气动马达在低速情况下有较大的输出功率,它的低速性能好,适宜载荷较大和要求低速转矩大的机械,如起重机、绞车绞盘、拉管机等。

图 3-24 所示为叶片式气动马达的工作原理(其工作原理与液压马达相似)。当压缩空气从进气口 A 进入定子 3 与转子 2 之间的密封容腔内后,立即冲向叶片,作用在叶片的外伸部分。由于两叶片外伸部分的长度不等,故得到一个逆时针的转矩,从而带动转子做顺时针转动,输出旋转的机械能。做完功的气体从排气口 C 排出。残余气体则经 B 排出;若 A,B 互换,则转子反转。转子转动时产生的离心力和叶片底部的气压力、弹簧力使得叶片紧紧地抵在定子的内壁上,以保证密封,提高容积效率。选择气压马达主要是从负载状态出发,在变负载场合,主要考虑速度的范围和所需的转矩;在均衡负载场合,则主要考虑工作速度。叶片式气压马达比活塞式气压马达转速高,当工作速度低于空载最大转速的 25% 时,最好选用活塞式气压马达。摆动式气动马达一般可按工作要求自行设计。

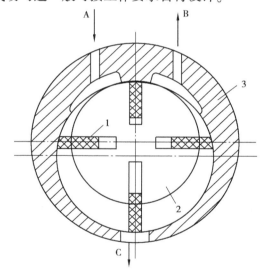

图 3-24　叶片式气动马达工作原理
1—叶片;2—转子;3—定子

气压马达使用时应在气源入口处设置油雾器,并定期补油,以保证气压马达得到良好的润滑。

二、气动控制元件

气动系统的控制元件主要是控制阀,它用来控制和调节压缩空气的方向、压力和流量,按其作用和功能可分为:方向控制阀、压力控制阀、流量控制阀以及能实现一定逻辑功能的逻辑元件。气动控制阀在功用和工作原理等方面与液压控制阀相似,仅在结构上有所不同。

1. 方向控制阀

方向控制阀按压缩空气在阀内的作用方向,可分为单向型控制阀和换向型控制阀。

（1）单向型方向控制阀

单向型方向控制阀的作用是只允许气流向一个方向流动。它包括单向阀、梭阀、双压阀和快速排气阀等。

①单向阀。

气动单向阀的工作原理、结构和用途与液压单向阀基本相同，气流只能一个方向流动而不能反向流动。结构原理和职能符号如图 3-25 所示。

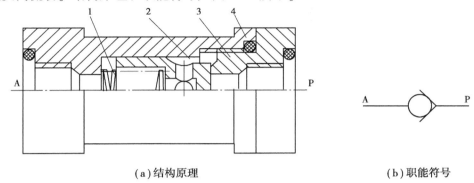

（a）结构原理　　　　　　　　　　　　　　　（b）职能符号

图 3-25　单向阀结构原理和职能符号

1—阀套；2—阀芯；3—弹簧；4—密封垫

②或门型梭阀。

图 3-26 所示为或门型梭阀的工作原理和职能符号。

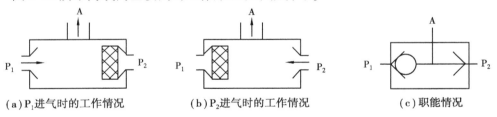

（a）P_1 进气时的工作情况　　　　（b）P_2 进气时的工作情况　　　　（c）职能情况

图 3-26　或门型梭阀工作原理和职能符号

该阀的结构相当于两个单向阀的组合。当通路 P_1 进气时，将阀芯推向右边，通路 P_2 被关闭，于是气流从 P_1 进入通路 A，如图 3-26（a）所示；反之，气流从 P_2 进入 A，如图 3-26（b）所示。当 P_1，P_2 同时进气时，哪端压力高，A 口就与哪端相通，另一端就自动关闭。图 3-26（c）所示为该阀的职能符号。这种阀在气动回路中起到"或"门（P_1 开或 P_2 开）的作用。

③双压阀。

该阀又称与门型梭阀，其工作原理和职能符号如图 3-27 所示。它也相当于两个单向阀的组合。其特点是：只有当两个输入口 P_1，P_2 同时进气时，A 口才有输出；当两端进气压力不等时，则低压气通过 A 口输出。

④快速排气阀。

快速排气阀是用于给气动元件或装置快速排气的阀，简称快排阀。

通常汽缸排气时，气体从汽缸经过管路，由换向阀的排气口排出。如果汽缸到换向阀的距离较长，而换向阀的排气口又小时，排气时间较长，汽缸运动速度较慢；若采用快速排气阀，则汽缸内的气体就能直接由快排阀排向大气，加快汽缸运动速度。

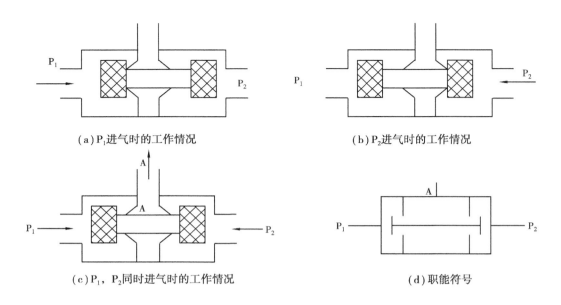

(a)P₁进气时的工作情况　　　　　　　　(b)P₂进气时的工作情况

(c)P₁,P₂同时进气时的工作情况　　　　　　(d)职能符号

图 3-27　与门型棱阀工作原理和职能符号

图 3-28 是快速排气阀的结构原理和职能符号。当 P 进气时,使膜片 1 向下变形,打开 P 与 A 的通路,同时封住排气口 O。当进气口 P 没有压缩空气进入时,在 A 口与 P 口压差作用下,膜片向上复位,关闭 P 口,使 A 口通过 O 口快速排气。

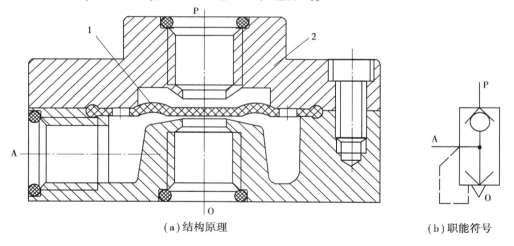

(a)结构原理　　　　　　　　　　(b)职能符号

图 3-28　快速排气阀的结构原理和职能符号

1—膜片;2—阀体

(2)换向型控制阀

换向型控制阀简称换向阀。按阀芯的结构形式可分为滑柱式(又称滑阀式)、转动式(又称提动式)、平面式(又称滑块式)和膜片式等几种;按阀的控制方式又可分为许多类型,表 3-2 列出了气动换向阀的主要控制方式。

表 3-2　气动换向阀的主要控制方式

人力控制	一般手动操作	按钮式
	手柄式、带定位	脚踏式
机械控制	控制轴	滚轮杠杆式
	单向滚轮式	弹簧复位
气动控制	直动式	先导式
电磁控制	单电控	双电控
	先导式双电控、带手动	

气压传动中,电磁控制换向阀的应用较为普遍。按电磁力作用的方式不同,电磁换向阀分为直动型和先导型两种。图 3-29 所示为采用截止式阀芯的单电磁铁直动型电磁换向阀;

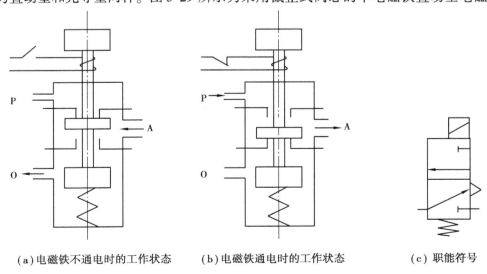

（a）电磁铁不通电时的工作状态　　　（b）电磁铁通电时的工作状态　　　（c）职能符号

图 3-29　单电磁铁直动型电磁换向阀

图 3-30 所示为采用滑柱式阀芯的双电磁铁先导型电磁换向阀。

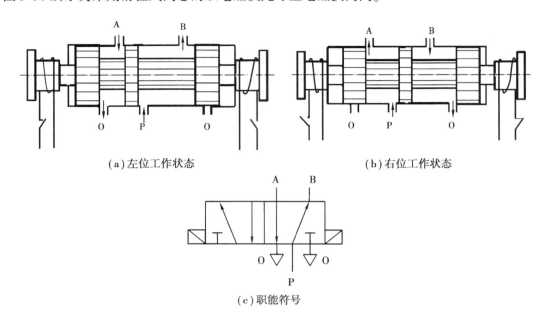

（a）左位工作状态   （b）右位工作状态

（c）职能符号

图 3-30　双电磁铁先导型电磁换向阀

双电磁铁换向阀可做成二位阀，也可做成三位阀。双电磁铁二位换向阀具有记忆功能，即通电时换向，断电时仍能保持原有工作状态。为保证双电磁铁换向阀正常工作，两个电磁铁不能同时通电，电路中要考虑互锁。

2. 压力控制阀

（1）压力控制阀的类型

①按功能可分为减压阀（调压阀）、安全阀（溢流阀）和顺序阀。

②按结构特点可分为直动型和先导型。直动型压力阀的气压直接与弹簧力相平衡。操纵调压困难，性能差，故精密的高性能压力阀都采用先导型结构。

（2）减压阀

气压传动和液压传动系统一个不同的特点是，液压传动系统的压力油一般是由安装在每台设备上的液压源直接提供的，而气压传动则是将压缩空气站中由气罐储存的压缩空气通过管道引出，并减压到适合于系统使用的压力。每台气动装置的供气压力都需要用减压阀来减压，并保持供气压力稳定。

图 3-31 所示为直动型减压阀的结构原理和职能符号。图示状况，阀芯 5 的台阶面上边形成一定的开口，压力为 p_1 的压缩空气流过此阀口后，压力降低为 p_2。与此同时，出口边的一部分气流经阻尼孔 3 进入膜片室，对膜片产生一个向上的推力，与上方的弹簧力相平衡，减压阀便有稳定的压力输出。当输入压力 p_1 增高时，输出压力便随之增高，膜片室的压力也升高，将膜片向上推，阀芯 5 在复位弹簧 6 的作用下上移，使阀口开度减小，节流作用增强，直至输出压力降低到调定位为止；反之，若输入压力下降，则输出压力也随之下降。膜片下移，阀口开度增大，节流作用减弱，直至输出压力回升到调定值再保持稳定。通过调节调压手柄 10

控制阀口开度的大小即可控制输出压力的大小。一般直动型减压阀的最大输出压力是
0.6 MPa,调压范围是 0.1~0.6 MPa。

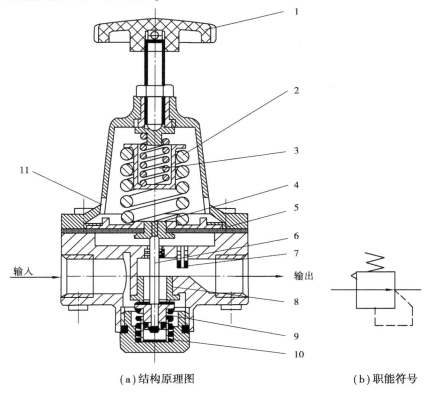

（a）结构原理图　　　　　　　（b）职能符号

图 3-31　直动型减压阀的结构原理和职能符号

1—溢流口；2—膜片；3—阻尼孔；4—阀杆；5—阀芯；
6—复位弹簧；7—阀体排气孔；8、9—调压弹簧；10—调压手柄

（3）溢流阀

溢流阀和安全阀在结构和功能方面往往是相似的,有时不加以区分。它们的作用是当气动系统中的压力超过调定压力时,能自动向外排气。实际上,溢流阀是一种用于保持回路压力恒定的压力控制阀,而安全阀是一种防止气动系统过载,保证气动系统安全的压力控制阀。

安全阀和溢流阀的过载原理是相同的,图 3-32 所示是一种直动型溢流阀的工作原理和职能符号。图 3-32（a）所示为阀的初始工作位置,预先调整手柄,使调压弹簧压缩,阀门关闭;图 3-32（b）所示为当气压达到给定值时,气体压力将克服弹簧预紧力,活塞上移,开启阀门排气;当系统内压力降至给定压力以下时,阀重新关闭。调节弹簧的预紧力可改变调定压力的大小。

（4）顺序阀

顺序阀是靠回路中的压力变化来控制汽缸顺序动作的一种压力控制阀。在气动系统中,顺序阀通常安装在需要某一特定压力的场合,以便完成某一操作。只有达到需要的操作压力后,顺序阀才有压缩空气输出。

图 3-33 所示为顺序阀的工作原理图。压缩空气从 P 口进入阀后,作用在阀芯下面的环形活塞面积上,当此作用力低于调压弹簧的作用力时,阀关闭。图 3-33（b）所示为当空气压

力超过调定的压力值时即将阀芯顶起,气压立即作用于阀芯的全面积上,使阀达到全开状态,压缩空气便从 A 口输出。当 P 口的压力低于调定压力时,阀再次关闭。

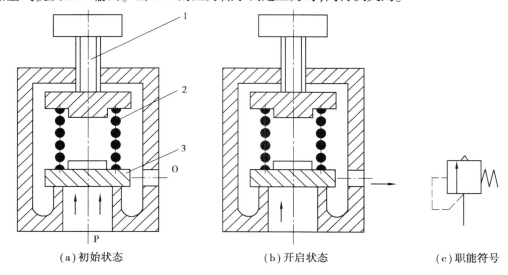

（a）初始状态　　　（b）开启状态　　　（c）职能符号

图 3-32　直动型溢流阀的工作原理和职能符号

1—调节杆;2—弹簧;3—阀芯

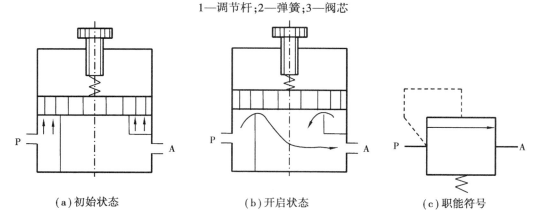

（a）初始状态　　　（b）开启状态　　　（c）职能符号

图 3-33　直动型顺序阀的工作原理和职能符号

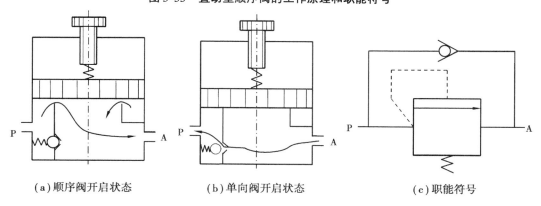

（a）顺序阀开启状态　　　（b）单向阀开启状态　　　（c）职能符号

图 3-34　单向顺序阀的工作原理和职能符号

图 3-34 所示为单向顺序阀。图 3-34(a)所示为气体正向流动时,进口 P 的气压力作用在活塞上,当它超过弹簧的预紧力时,活塞被推开,出口 A 有压缩空气输出;单向阀在压力差和弹簧预紧力作用下处于关闭状态。图 3-34(b)所示为气体反向流动时,进口变成出口,出口压力将推开单向阀,使 A 和 P 接通。调节手柄可改变顺序阀的开启压力。

3. 流量控制阀

在气动系统中,要控制执行元件的运动速度,控制换向阀的切换时间,或控制气动信号的传递速度,都需要通过调节压缩空气流量来实现。用于调节流量的控制阀有节流阀、单向节流阀、排气节流阀等。由于节流阀和单向节流阀的工作原理与液压阀中的同型阀相同,在此不再重复,下面只介绍排气节流阀和单向节流阀。

如图 3-35 所示为排气消声节流阀的结构原理和职能符号。气流从 A 口进入阀内,由节流口 1 节流后经消声套 2 排出,因而它不仅能调节空气流量,还能起到降低排气噪声的作用。排气节流阀通常安装在换向阀的排气口处与换向阀联用,起单向节流阀的作用。它实际上只是节流阀的一种特殊形式,其结构简单,安装方便,能简化回路。

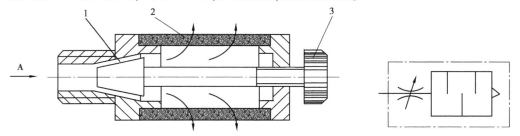

图 3-35　排气消声节流阀结构原理和职能符号
1—节流口;2—消声套;3—调节手柄

图 3-36 所示的是单向节流阀的工作原理,当压缩空气正向流动时(P—A),单向阀在弹簧和气压作用下关闭,气流经节流阀节流后从 A 口流出;而当气流反向流动时(A—P),单向阀被气体推开,大部分气体从阻力小、通流面积大的单向阀流过,较少部分气体经节流口流过、汇集,从 P 口排出。

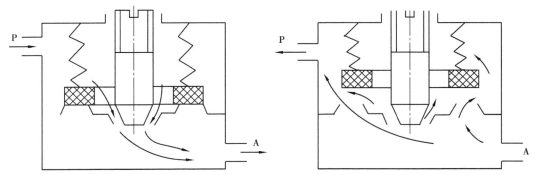

图 3-36　单向节流阀工作原理

图 3-37 所示的是单向节流阀的结构和职能符号。压缩空气从 P 口进入阀内,经过阀座与阀芯间的节流通道从输出口 A 输出。通过调节螺杆使阀芯上下移动,改变节流口通面积,实现流量的调节。单向节流阀主要用来调节汽缸进口或出口流量,组成调速回路。

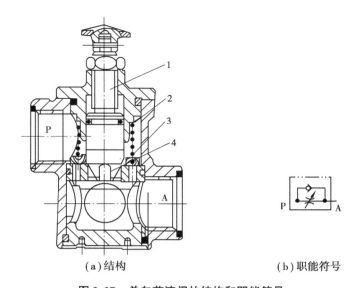

（a）结构　　　　　　　　　　　（b）职能符号

图3-37　单向节流阀的结构和职能符号
1—调节螺杆；2—弹簧；3—单向阀阀片；4—节流阀

4. 换向回路

（1）单作用汽缸的换向回路

图3-38（a）所示是利用二位三通电磁阀控制单作用汽缸的活塞杆外伸，电磁铁通电时靠气压使活塞杆上升，电磁铁断电时靠弹簧作用缩回。

图3-38（b）所示是利用三位五通电磁阀控制单作用汽缸的活塞杆外伸，当阀处于中位时，汽缸进气口被关闭，故汽缸能在任意位置停止下来。但由于空气的可压缩性和漏气等原因，汽缸定位精度不高。

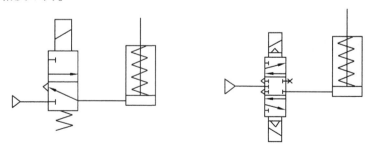

（a）二位三通电磁阀控制的换向回路　　　（b）三位五通电磁阀控制的换向回路

图3-38　单作用汽缸的换向回路

（2）双作用汽缸的换向回路

图3-39（a）所示为二位五通电磁阀控制双作用汽缸的换向回路。图示位置换向阀左侧电磁铁通电，右侧电磁铁断电，汽缸右腔进气，左腔排气，活塞杆缩回。当左侧电磁铁断电，右侧电磁铁通电时，换向阀工作在右位，汽缸左腔进气，右腔排气，活塞杆伸出。

图3-39（b）所示为两个小通径的手动换向阀与二位五通气控阀控制汽缸换向的回路。图3-39（c）所示为三位五通先导式双电控电磁阀控制的换向回路。除了控制双作用汽缸换向外，还可以在行程中的任意位置停止运动。

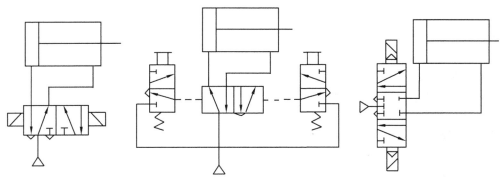

（a）二位五通电磁阀控制
双作用汽缸的换向回路

（b）两个小通径的手动换向
阀与二位五通气控阀控制
汽缸换向回路

（c）三位五通先导式
双电控电磁阀控制
的换向回路

图3-39 双作用汽缸的换向回路

5. 压力控制回路

压力控制回路是使回路中的压力保持在一定范围内，或使回路得到高、低不同压力的基本回路。

（1）一次压力控制回路

一次压力控制回路用来控制贮气罐内的压力，使它不超过规定的压力，故又称为气源压力控制回路，如图3-40所示。常采用溢流阀1和电接触点压力表2来控制。当采用溢流阀控制时，当贮气罐内的压力超过规定值时，溢流阀被打开，压缩机输出的压缩空气经溢流阀排入大气，溢流阀作为安全阀使用。当采用电接触点压力表控制时，它可直接控制压缩机的转动或停止，同样可使贮气罐内的压力保持在规定值以内。

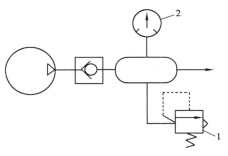

图3-40 一次压力控制回路
1—溢流阀；2—电接触点压力表

采用溢流阀结构简单，工作可靠，但气量浪费较大；而采用电接点压力表控制，则对电机及控制要求高，故电接触点压力表常用于对小型空压机的控制。

（2）二次压力控制回路

图3-41所示为一种常用的二次压力控制回路，由气动三大件——空气过滤器（分水滤气

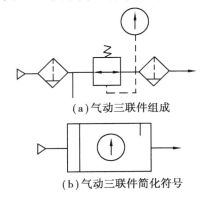

（a）气动三联件组成

（b）气动三联件简化符号

图3-41 二次压力控制回路

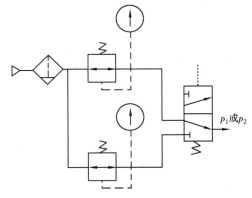

p_1或p_2

图3-42 高、低压力控制回路

器)、减压阀与油雾器组成,主要用于对气控系统压力源压力的控制。输出压力的高低是用溢流式减压阀来调节的。二次压力控制回路一般处在一次压力控制回路之后。

(3)高、低压力控制回路

如图3-42所示,由两个减压阀和一个换向阀组成,可以由换向阀控制输出气压在高压和低压之间进行转换,若去掉换向阀,就可以同时得到输出高压和低压两种气源。

6.速度控制回路

速度控制回路用来调节汽缸的运动速度或实现汽缸的缓冲等。由于目前使用的气动系统功率较小,故调速方法主要是节流调速,即进气节流调速和排气节流调速。应用气动流量控制阀对气动执行元件进行调速,比用液压流量控制阀调速要困难。因气体具有可压缩性,所以用气动流量控制阀调速应注意以下几点,以防产生爬行:

①管道上不能有漏气现象;

②汽缸、活塞间的润滑状态要好;

③流量控制阀应尽量安装在汽缸或气动马达附近;

④尽可能采用出口节流调速方式;

⑤外加负载应当稳定。

(1)单作用汽缸的速度控制回路

图3-43(a)所示为由左右两个单向节流阀来分别控制活塞杆的升降速度的控制回路。图3-43(b)是快速返回回路,活塞上升时,由节流阀控制其速度;活塞返回时,汽缸下腔通过快速排气阀排气。

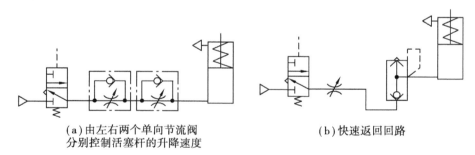

(a)由左右两个单向节流阀
分别控制活塞杆的升降速度

(b)快速返回回路

图3-43 单作用汽缸的速度控制回路

(2)双作用汽缸的速度控制回路

①单向调速回路。

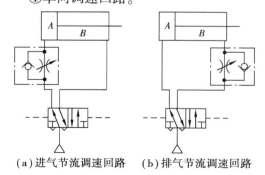

(a)进气节流调速回路　(b)排气节流调速回路

图3-44 双作用单向调速回路

图3-44(a)所示为双作用汽缸的进气节流单向调速回路,图3-44(b)所示为其排气节流调速回路。气动系统中,对水平安装的汽缸,较少使用供气节流调速,主要是汽缸在运动中易产生"爬行"或"跑空"现象。为获得稳定的运动速度,气动系统多采用排气节流调速。

②双向调速回路。

图3-45(a)所示为采用两个单向节流阀的调速回路,调节节流阀的开度可调整汽缸的往复

运动速度。图 3-45(b)所示为采用两个排气节流阀的调速回路。它们都是排气节流调速,调速时汽缸的进气阻力小,且能承受负值载荷变化影响小,因而比进气节流的调速效果好。

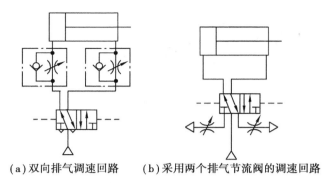

(a)双向排气调速回路　　(b)采用两个排气节流阀的调速回路

图 3-45　双作用双向调速回路

(3)缓冲回路

一般气动执行元件的运动速度较快,为了避免活塞在到达终点时与缸盖发生碰撞,产生冲击和噪声,影响设备的工作精度以至损坏零件,在气动系统中常使用缓冲回路,以此来降低活塞到达终点时的速度。

如图 3-46(a)所示的缓冲回路,当活塞向右运动时,汽缸右腔的气体经二位二通行程阀和三位五通换向阀排出。直到活塞运动到末端,挡块压下行程阀时,气体经节流阀排出,活塞运动速度得到缓解。调整行程阀的安装位置即可调缓冲开始时间。此回路适用于活塞惯性较大的场合。如图 3-46(b)所示的缓冲回路,其特点是:当活塞向左返回到行程末端时,其左腔的压力已经下降到打不开顺序阀 2,余气只能经节流阀 1 和二位五通换向阀排出,因此活塞得到缓冲。这种回路常用于行程长、速度快的场合。

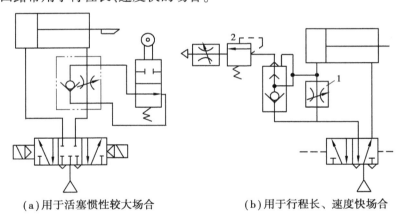

(a)用于活塞惯性较大场合　　　　(b)用于行程长、速度快场合

图 3-46　缓冲回路

1—节流阀;2—顺序阀

(4)速度换接回路

用于执行元件快慢速之间的换接。3-46(a)所示的缓冲回路同样可作为速度换接回路使用。当三位五通电磁阀左端电磁铁通电时,汽缸左腔进气,右腔直接经过二位二通行程阀排气,活塞杆快速前进,当活塞带动撞块压下行程阀时,行程阀关闭,汽缸右腔只能通过单向节流阀再经过电磁阀排气,排气量受到节流阀的控制,活塞运动速度减慢,从而实现速度换接。

7.其他回路

(1)安全保护回路

由于气动机构负荷的过载、气压的突然降低以及气动执行机构的快速动作等原因,都可能危及操作人员或设备的安全,因此在气动回路中,常常需要设计安全保护回路。

131

①过载保护回路。

图 3-47 所示是典型的过载保护回路,当汽缸右行中遇到障碍而过载时,汽缸左腔压力因外力升高,超过调定值后,打开顺序阀 3,使阀 2 换向,阀 4 随即复位,活塞立即退回,实现过载保护。若无障碍 6,汽缸向前运动时压下阀 5,活塞即刻返回。

②互锁回路。

图 3-48 为互锁回路。汽缸主控阀的换向受 3 个串联的机动三通阀控制,只有这 3 个阀都接通后,主控阀才能换向,汽缸才能动作。

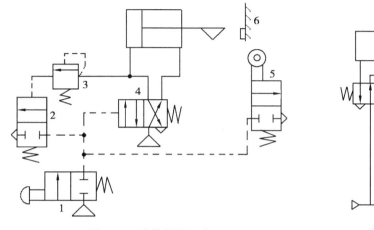

图 3-47　过载保护回路

1—手动换向阀;2—气控换向阀;3—顺序阀;

4—二位四通气换向阀;5—机控换向阀;6—障碍物

图 3-48　互锁回路

③双手操作安全回路。

双手同时操作回路就是使用两个启动用的手动阀,只有同时按动两个阀才有动作的回路。这种回路主要是为了安全。在锻造、冲压机械上常用来避免误动作,以保护操作者的安全。

图 3-49(a)所示回路为使用逻辑"与"回路的双手操作回路,为使主控阀换向,必须使压

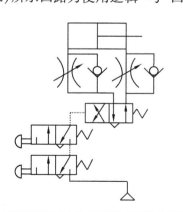
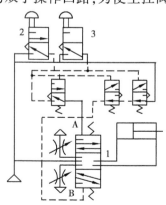

(a)使用逻辑"与"回路的双手操作回路　　(b)使用三位主控阀的双手操作回路

图 3-49　双手操作安全回路

1—主控换向阀;2,3—手动换向阀

缩空气信号进入其左端,故两只三通手动阀要同时换向,另外这两个阀必须安装在单手不能同时操作的位置上。在操作时,如任何一只手离开则控制信号消失,主控阀复位,活塞杆退回。

图 3-49(b)所示的是使用三位主控阀的双手操作回路,把此主控换向阀 1 的信号 A 作为手动换向阀 2 和 3 的逻辑"与"回路,亦即只有手动换向阀 2 和 3 同时动作时,主控换向阀 1 换向至上位,活塞杆前进;把信号 B 作为手动换向阀 2 和 3 的逻辑"或非"回路,即当手动换向阀 2 和 3 同时松开时(图示位置),主控换向阀 1 换向至下位,活塞杆退回;若手动换向阀 2 或 3 任何一个动作,将使主控阀复位至中位,活塞杆处于停止状态。

(2)延时控制回路

①延时输出回路。

图 3-50 所示为延时输出回路。当控制信号切换阀 4 后,压缩空气经单向节流阀 3 向气容 2 充气。充气压力延时升高达到一定值使阀 1 换向后,压缩空气就从该阀输出。

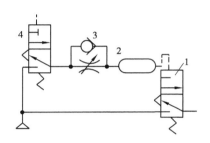 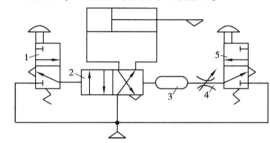

图 3-50　延时输出回路

1—单气控二位三通换向阀;2—气容;

3—单向节流阀;4—单气控二位三通换向阀

图 3-51　延时退回回路

1—手动二位三通换向阀;2—双气控二位四通换向阀;

3—气容;4—节流阀;5—手动二位三通换向阀

②延时退回回路。

图 3-51 所示为延时退回回路。按下按钮阀 1,主控阀 2 换向,活塞杆伸出,至行程终端,挡块压下行程阀 5,其输出的控制气经节流阀 4 向气容 3 充气,当充气压力延时升高达到一定值后,阀 2 换向,活塞杆退回。

◎ 计划、决策

1.方案

送料装置(见图 3-52)的执行元件选择单杆双作用汽缸。汽缸换向用单电控二位五通换向阀来完成;采用气动二联件来调整系统的工作压力;汽缸伸出速度的调整用单向节流阀。此任务需要设计简单控制电路。

2.液压系统原理图(见图 3-52)

◎ 实施

组装步骤如下:

①读懂控制回路图,并在 FliudSIM 仿真软件中进行仿真。仿真通过,才能实训。

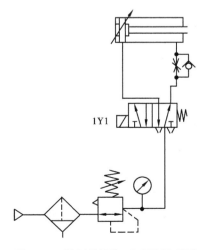

图 3-52　送料装置气动系统原理图

②根据控制原理图选择合适的气动元件。

③把选定的气动元件根据控制原理图摆放在试验台上。

④根据控制原理图连接各气动元件。

⑤检查各元件的连接情况,确认无误后,打开二联件供气。

⑥调节节流阀和减压阀,观察汽缸运动速度的变化。

◎ 检查、评价

表 3-3　任务 2 检查评价表

考核内容		自　评	组长评价	教师评价
		达到标准画√,没达到标准画×		
作业完成	1. 按时完成任务	□	□	□
	2. 内容正确	□	□	□
	3. 字迹工整,整洁美观	□	□	□
操作过程	气动回路设计:			
	1. 正确设计调速回路	□	□	□
	2. 正确设计控制电路	□	□	□
	3. 正确选择气动元件	□	□	□
	4. 合理布置气动元件	□	□	□
	5. 可靠连接各气口	□	□	□
	6. 正确选择控制电路各元件	□	□	□
	调试:			
	1. 正确操作气源	□	□	□
	2. 正确调节汽缸运动速度	□	□	□
	3. 正确使用测试仪器、设备	□	□	□
	4. 找到故障点并正确解决问题	□	□	□
工作态度	1. 不旷课	□	□	□
	2. 不迟到,不早退	□	□	□
	3. 学习积极性高	□	□	□
	4. 学习认真,虚心好学	□	□	□
职业操守	1. 安全、文明工作	□	□	□
	2. 具有良好的职业操守	□	□	□
团队合作	1. 服从组长的工作安排	□	□	□
	2. 按时完成组长分配的任务	□	□	□
	3. 热心帮助小组其他成员	□	□	□

考核内容		自　评	组长评价	教师评价
		达到标准画√,没达到标准画×		
项目完成	1.气动回路设计、连接正确	☐	☐	☐
	2.调试完成	☐	☐	☐
评价等级				
项目最终评价(自评20%,组评30%,师评50%)				

任务3　折弯机气动系统工作原理图的识读

◎ 任务说明

图3-53所示为折弯机的工作原理图,其工作要求为:当工件到达规定位置时,如果按下启动按钮,汽缸伸出将工件按设计要求折弯,然后快速退回,完成一个工作循环;如果工件未到达指定位置,即使按下按钮,汽缸也不动作。另外,为了适应加工不同材料或直径工件的要求,系统工作压力应该可以调节。要求根据以上的工作要求,设计出该系统的控制回路。

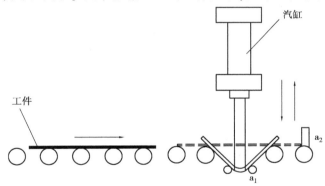

图3-53　折弯机工作原理

◎ 任务要求

- 分析折弯机的工作要求,完成对折弯机系统回路的设计。
- 系统压力可以调节与控制。
- 汽缸可以快速返回。
- 工件及活塞杆伸出位置可控制以及与按钮协调。

◎ 资讯

一、气动回路的符号表示法

工程上,气动系统回路图是以气动元件职能符号组合而成,故应熟悉和了解前述所有气动元件的功能、符号与特性,以气动符号所绘制的回路图可分为定位和不定位两种表示法。

定位回路图以系统中元件实际的安装位置绘制,如图 3-54 所示。这种方法使工程技术人员容易看出阀的安装位置,便于维修保养。

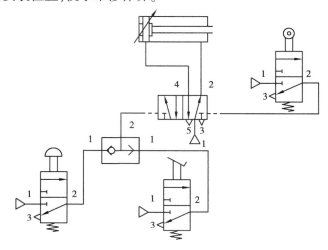

图 3-54　定位回路图

不定位回路图不按元件的实际位置绘制,气动回路图根据信号流动方向,从下向上绘制,各元件按其功能分类排列,依次为气源系统、信号输入元件、信号处理元件、控制元件、执行元件,如图 3-55 所示。我们主要使用此种回路表示法。

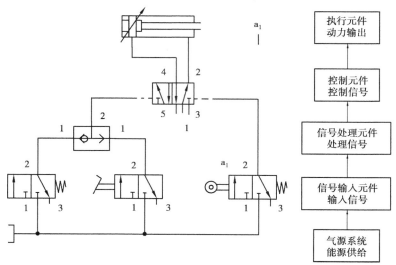

图 3-55　不定位回路图

为分清气动元件与气动回路的对应关系,图 3-56 给出了全气动系统控制链中信号流和元件之间的对应关系,掌握这一点对于分析和设计气动程序控制系统非常重要。

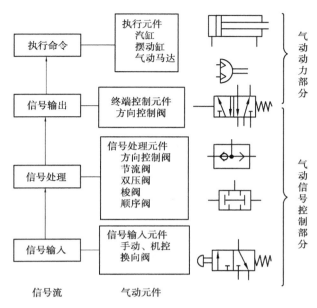

图 3-56　全气动系统中信号流和元件之间的对应关系

二、回路图内元件的命名

气动回路图内元件常以数字和英文字母两种方法命名。

1. 数字命名

元件按控制链分成几组,每一个执行元件连同相关的阀称为一个控制链,0 组表示能源供给元件,1,2 组代表独立的控制链。A 代表执行元件,V 代表控制元件,S 代表输入元件,Z 代表气源系统。如图 3-57 所示。

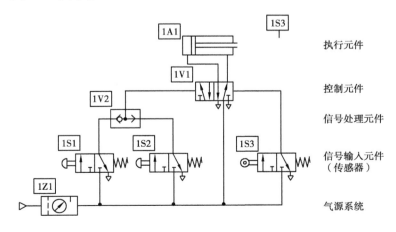

图 3-57　以数字命名的气动回路图

2. 英文字母命名

英文字母命名常用于气动系统的设计,大写字母表示执行元件,小写字母表示信号元件。如图 3-58 所示。

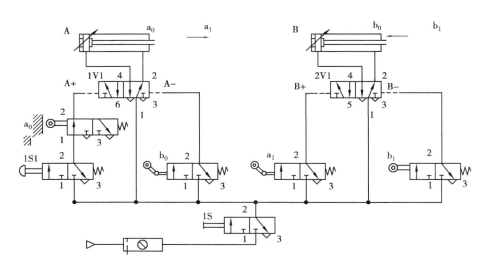

图 3-58　以英文字母命名的气动回路图

A,B,C 等——执行元件

a_1,b_1,c_1——执行元件在伸出位置时的行程开关

a_0,b_0,c_0——执行元件在缩回位置时的行程开关

本节的设计使用英文字母命名法。

三、执行元件动作顺序的表示方法

在实际系统设计中,为了分析执行元件随着控制步骤或控制时间的变化规律,常做出系统的运动图来加以分析,以便清楚、直观地了解执行元件和控制元件之间的关系,有利于回路的设计。运动图包括位移—步骤图(见图 3-59)、位移—时间图(见图 3-60),至于具体采用哪种形式,一般由控制系统本身所定。

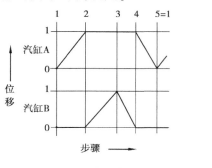

图 3-59　位移—步骤图

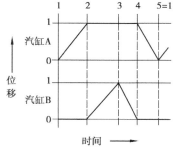

图 3-60　位移—时间图

四、气动系统工作原理图识读方法

气动系统与液压系统虽有区别,但设计的主要步骤却大同小异,这里不再叙述,本章就气动顺序控制回路的设计方法作介绍。

气动顺序控制回路的设计方法有信号—动作状态线图法(简称 X—D 线图法)、卡诺图法等。X—D 线图法直观、简便,是一种常用的设计方法,因此本节仅介绍此种方法。

1. X—D 线图法的设计步骤

X—D 线图法是利用绘制信号线图的办法设计出气动控制回路。此方法的一般设计步骤如下：

①根据生产自动化的工艺要求，编制工作程序；

②绘制 X—D 线图；

③分析并消除障碍信号；

④绘制逻辑原理图和气动回路原理图。

2. 气动顺序控制回路设计实例

图 3-61 为气控冲孔机结构示意图。其工作顺序是：汽缸 A 夹紧：A_1→汽缸 B 冲孔：B_1→汽缸 B 带冲头退回：B_0→汽缸 A 松开工件：A_0。

B
工件
A

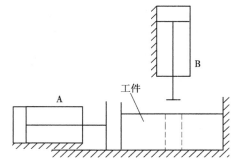

图 3-61　气控冲孔机结构示意图

(1)编制工作程序

图 3-62 为其工作程序。

q
A_1
a_1
B_1
b_1
B_0
b_0
A_0
a_0
1
2
3
4

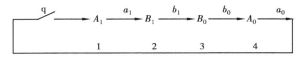

图 3-62　气控冲孔机工作程序

(2)绘制 X—D 线图

①画方格图(见图 3-63)。

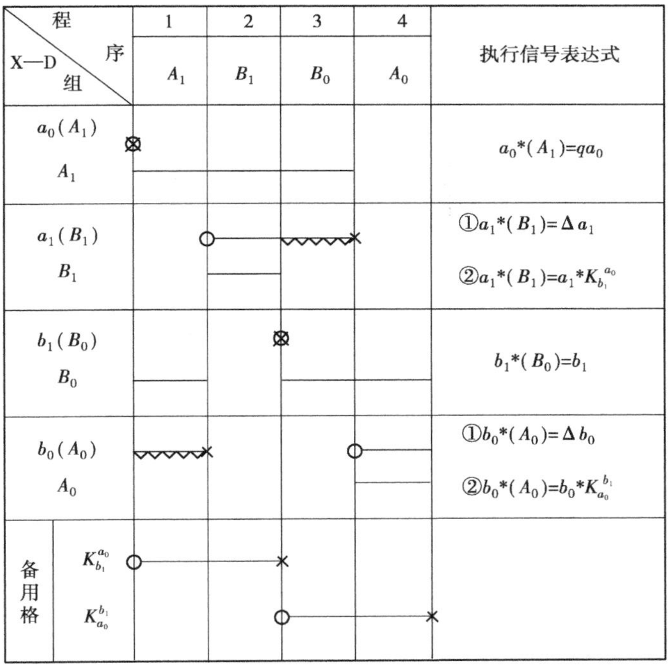

程
序
X—D
组
1
2
3
4
A_1
B_1
B_0
A_0
执行信号表达式
$a_0(A_1)$
A_1
$a_0^*(A_1)=qa_0$
$a_1(B_1)$
B_1
①$a_1^*(B_1)=\Delta a_1$
②$a_1^*(B_1)=a_1^*K_{b_1}^{a_0}$
$b_1(B_0)$
B_0
$b_1^*(B_0)=b_1$
$b_0(A_0)$
A_0
①$b_0^*(A_0)=\Delta b_0$
②$b_0^*(A_0)=b_0^*K_{a_0}^{b_1}$
备用格
$K_{b_1}^{a_0}$
$K_{a_0}^{b_1}$

图 3-63　气控冲孔机 X—D 线图

根据动作顺序，第一行填入节拍号，第二行填入汽缸动作，最右边一列留作填入经消障后的执行信号表达式。表的下端留有备用格,可填入消障过程中引入的辅助信号等。

②画动作(D线)。

用粗实线画出各个汽缸的动作区间,它以行列中大写字母相同、下标也相同的列行交叉方格左端的格线为起点,一直画到字母相同但下标相反的方格。

③画主令信号线(X线)。

用细实线画出主令信号线,起点与所控制的动作线起点相同,用符号"○"表示,终点在该信号同名动作线的终点,用符号"×"表示。

(3)分析并消除障碍信号

①判别障碍信号。

所谓障碍信号是指在同一时刻,阀的两个控制侧同时存在控制信号,妨碍阀按预定行程换向。用X—D图确定障碍信号的方法是:检查每组信号线和动作线,凡存在信号线而无对应动作线的信号线即为障碍段,存在障碍段的信号为障碍段的信号为障碍信号,障碍段用锯齿线标出。

②消除障碍信号。

无障碍的信号,可直接用作执行信号,但控制第一节拍动作的执行信号一定是启动信号和无障碍信号相"与"。所有有障碍信号必须消障后才能用作执行信号。消除障碍信号有脉冲信号法和逻辑回路法两种。

脉冲信号法如图3-64所示,采用机械活络挡铁或可通过式机控阀使汽缸在一个往复动作中只发出一个短脉冲信号,缩短了信号长度,以达到消除障碍的目的。

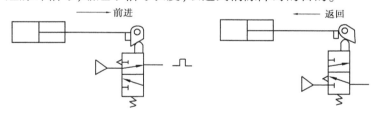

(a)采用活络挡铁发脉冲信号

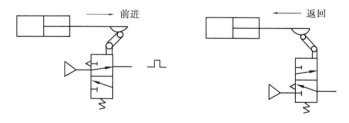

(b)采用可通过式机控阀发脉冲信号

图3-64 脉冲消障法之一

逻辑回路消除障碍可采用"与门"消障法,即选择一个制约信号 y 与有障信号 e 相"与",缩短信号长度,达到消障目的。其逻辑表达式为

$$z = ey$$

制约信号可以从X—D线图中选取,选取的原则是:此信号出现在有障信号之前,终止在

有障信号的障碍段前。

若在 X—D 线图中找不到可选用的制约信号,可引入中间记忆元件,借用它的输出作为制约信号。如图 3-65 所示,其逻辑表达式为

$$z = eK_d^t$$

式中,K 为中间记忆元件的输出信号;t 为使 K 阀"通"的信号。其起点应在有障信号起点之前或同时,终点应在 t 起点至有障信号的无障碍段之中;d 为使 K 阀"断"的信号。其起点应在有障信号无障碍段上,其终点应在 t 起点之前。

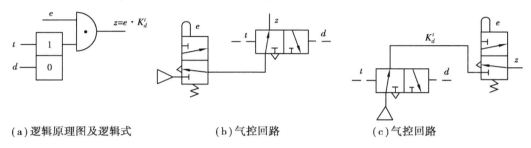

(a)逻辑原理图及逻辑式　　　　(b)气控回路　　　　(c)气控回路

图 3-65　引入中间记忆元件消障回路

(4)绘制逻辑原理图和气动回路原理图

根据 X—D 图上的执行信号表达式,即可绘出逻辑原理图,然后根据气控逻辑原理图便可绘出气动控制系统图。本例只绘出引入中间记忆元件消障的气控逻辑原理图及气动回路原理图,见图 3-66 和图 3-67。

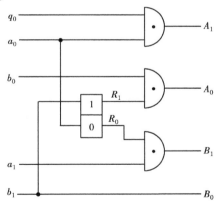

图 3-66　气控冲孔机逻辑原理

◎ 计划、决策

分析折弯机的工作要求,完成对折弯机系统回路的设计,解决好以下 4 点:

①系统压力的调节与控制;

②汽缸快速返回;

③工件及活塞杆伸出位置的控制以及与按钮协调;

④折弯机气动控制回路图的绘制。

折弯机气动控制回路图设计如下:

系统控制回路图设计出来后,必须对回路图进行分析,检验回路图是否能够达到所规定

的工作要求。

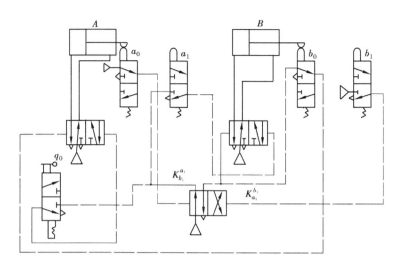

图 3-67　引入中间记忆元件消障的控制回路

如图 3-68 所示,在初始位置,压缩空气经主控阀的右位进入汽缸的右腔,使汽缸的活塞缩回。由于双压阀的特性,只有在工件达到预设位置,即行程阀 a_0 被压下(左位接通),同时按下按钮 SB(左位接通)时,双压阀才有压缩空气输出,使主控阀左位接通,经快速排气阀进入汽缸的左腔,使汽缸伸出。同时,阀 a_0 在弹簧力的作用下复位,双压阀没有压缩空气输出。

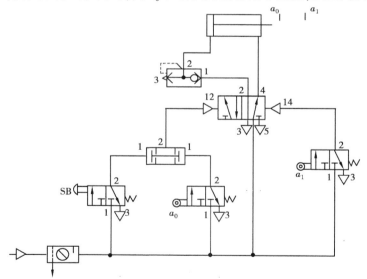

图 3-68　引入中间记忆元件消障的控制回路

1—进气口;2、4—出气口;3、5—排大气口;12、14—控制气口

当活塞杆运行到右极限位置时,压下行程阀 a_1,使其左位接通,压缩空气使主控阀右位接通,压缩空气进入汽缸的右腔,左腔的空气从快速排气阀中排出,使活塞杆快速缩回。同时,阀 a_1 在弹簧力的作用下复位。

通过以上分析可以看出,该系统控制回路图能够满足折弯机的工作要求。

◎ **实施**

①根据折弯机气动系统控制回路图,找出正确的元器件;

②合理布局,在操台上完成折弯机的控制系统回路的连接;

③检验连接的回路与分析的动作是否一致。

◎ **检查、评价**

表 3-4　任务 3 检查评价表

考核内容		自　评	组长评价	教师评价
		达到标准画√,没达到标准画 ×		
作业完成	1. 按时完成任务	□	□	□
	2. 内容正确	□	□	□
	3. 字迹工整,整洁美观	□	□	□
操作过程	**气动回路设计:**			
	1. 正确设计调速回路	□	□	□
	2. 正确设计控制电路	□	□	□
	3. 正确选择气动元件	□	□	□
	4. 合理布置气动元件	□	□	□
	5. 可靠连接各气口	□	□	□
	6. 正确选择控制电路各元件	□	□	□
	调试:			
	1. 正确操作气源	□	□	□
	2. 正确调节汽缸运动速度	□	□	□
	3. 正确使用测试仪器、设备	□	□	□
	4. 找到故障点并正确解决问题	□	□	□
工作态度	1. 不旷课	□	□	□
	2. 不迟到,不早退	□	□	□
	3. 学习积极性高	□	□	□
	4. 学习认真,虚心好学	□	□	□
职业操守	1. 安全、文明工作	□	□	□
	2. 具有良好的职业操守	□	□	□

续表

考核内容		自 评	组长评价	教师评价
		达到标准画√,没达到标准画×		
团队合作	1.服从组长的工作安排	☐	☐	☐
	2.按时完成组长分配的任务	☐	☐	☐
	3.热心帮助小组其他成员	☐	☐	☐
项目完成	1.液压回路设计、连接正确	☐	☐	☐
	2.调试完成	☐	☐	☐
评价等级				
项目最终评价(自评20%,组评30%,师评50%)				

任务4　生产线供料单元气压传动系统的安装与调试

◎ **任务说明**

在自动化生产线的供料单元(见图3-69)中,工件垂直叠放在料仓中,推料缸处于料仓的底层并且其活塞杆可从料仓的底部通过。当活塞杆在退回位置时,它与最下层工件处于同一水平位置,而夹紧汽缸则与次下层工件处于同一水平位置。在需要将工件推到物料台上时,首先使夹紧汽缸的活塞杆推出,压住次下层工件;然后使推料汽缸活塞杆推出,从而把最下层工件推到物料台上。在推料汽缸返回并从料仓底部抽出后,再使夹紧汽缸返回,松开次下层工件。这样,料仓中的工件在重力的作用下自动向下移动一个工件,为下一次推出工件做好准备。

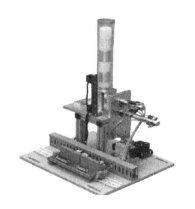

图 3-69　生产线供料单元

◎ **任务要求**

* 能根据要求设计气动系统回路图,并能选择检测执行汽缸工作位置的传感器。
* 能够设计用继电器控制的气动系统控制电路。
* 能根据气动回路图和控制电路图在仿真计算机上完成仿真运行。
* 能在工作台上合理布置各元器件,安装元器件时要规范。
* 能用气管根据回路图牢固连接元器件的各气口。
* 能根据控制电路图连接控制电路,并且处理可能遇到的问题。
* 完成实验并经老师检查评估后,关闭气泵,拆下管线,将元件放回原位。

◎ 资讯

一、电气控制的基本知识

电气控制回路主要由按钮开关、行程开关、继电器及其触点、电磁铁线圈等组成。通过按钮或行程开关使电磁铁通电或断电来控制触点接通或断开被控制的主回路,这种回路也称为继电器控制回路。电路中的触点有常开触点和常闭触点两种。

控制继电器是一种当输入量变化到一定值时,电磁铁线圈通电励磁,吸合或断开触点,接通或断开交、直流小容量控制电路中的自动化电器。它被广泛应用于电力拖动、程序控制、自动调节与自动检测系统中。控制继电器的种类繁多,常用的有电压继电器、电流继电器、中间继电器、时间继电器、热继电器、温度继电器等。在电气气动控制系统中常用中间继电器和时间继电器。图 3-70 所示为中间继电器的外观。

图 3-70　中间继电器外观图

（1）中间继电器

中间继电器由线圈、铁芯、衔铁、复位弹簧、触点及端子组成,如图 3-71 所示,由线圈产生的磁场来接通或断开触点。当继电器线圈流过电流时,衔铁就会在电磁力的作用下克服弹簧压力,使常闭触点断开或常开触点闭合;当继电器线圈无电流时,电磁力消失,衔铁在返回弹簧的作用下复位,使常闭触点闭合或常开触点打开,图 3-72 所示为其线圈及触点的职能符号。因为继电器线圈消耗电力很小,所以用很小的电流通过线圈即可使电磁铁励磁,而其控制的触点,可通过相当大的电压电流,此乃继电器触点的容量放大机能。

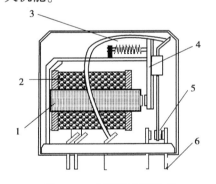

图 3-71　中间继电器组成
1—铁芯;2—线圈;3—复位弹簧;
4—衔铁;5—触点;6—端子

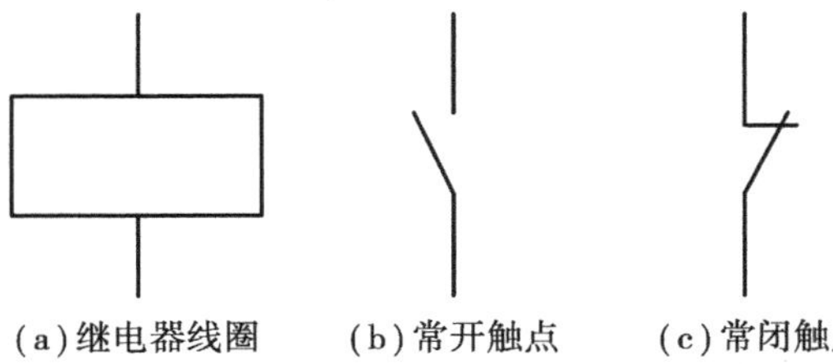

（a）继电器线圈　（b）常开触点　（c）常闭触点

图 3-72　线圈及触点的职能符号

（2）时间继电器

时间继电器目前在电气控制回路中应用非常广泛。它与中间继电器的相同之处是都由线圈与触点构成,而不同的是在时间继电器中,当输入信号时,电路中的触点经过一定时间后才闭合或断开。按照其输出触点的动作形式分为以下两种(见图 3-73):

①延时闭合继电器。

当继电器线圈流过电流时,经过预置时间延时,继电器触点闭合;当继电器线圈无电流时,继电器触点断开。

②延时断开继电器。

当继电器线圈流过电流时,继电器触点闭合;当继电器线圈无电流时,经过预置时间延时,继电器触点断开。

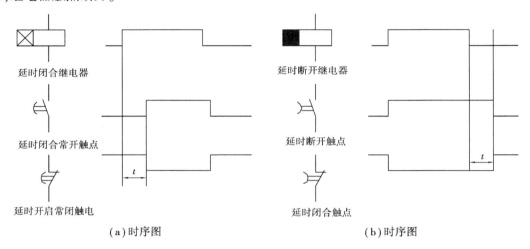

延时闭合继电器   延时断开继电器

延时闭合常开触点   延时断开触点

延时开启常闭触电   延时闭合触点

(a)时序图   (b)时序图

图 3-73 时间继电器线圈触点职能符号和时序图

二、电气回路图绘图原则

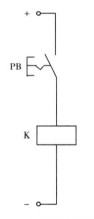

图 3-74 水平型电路图

电气回路图通常以一种层次分明的梯形法表示,也称梯形图。它是利用电气元件符号进行顺序控制系统设计的最常用的一种方法。梯形图表示法可分为水平梯形回路图及垂直梯形回路图两种。在液压传动中,用了垂直梯形图表示法,本章仅介绍前一种方法。如图 3-74 所示为水平型电路图,图中上、下两平行线代表控制回路图的电源线,称为母线。

梯形图的绘图原则如下:

①图中上端为火线,下端为接地线;

②电路图的构成是从左向右进行的,为便于读图,接线上要加上线号;

③控制元件的连接线接于电源母线之间,且尽可能用直线;

④连接线与实际的元件配置无关,由上而下依照动作的顺序来决定;

⑤连接线所连接的元件均用电气符号表示,且均为未操作时的状态;

⑥在连接线上,所有的开关、继电器等的触点位置从水平电路上侧的电源母线开始连接;

⑦一个梯形图网络由多个梯级组成,每个输出元素(继电器线圈等)可构成一个梯级;

⑧在连接线上,各种负载,如继电器、电磁线圈、指示灯等的位置通常是输出元素,要放在水平电路的下侧;

⑨在以上各元件的电气符号旁注上文字符号。

三、基本电气回路

1. 是门电路(YES)

是门电路是一种简单的通、断电路,能实现是门逻辑电路。图3-75所示为是门电路,按下按钮PB,电路1导通,继电器线圈K励磁,其常开触点闭合,电路2导通,指示灯亮。若放开按钮,则指示灯熄灭。

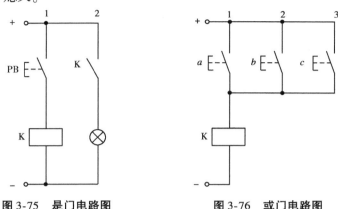

图3-75　是门电路图　　　　图3-76　或门电路图

2. 或门电路(OR)

图3-76所示的或门电路也称为并联电路。只要按下3个手动按钮中的任何一个开关,使其闭合,就能使继电器线圈K通电。例如,要求在一条自动生产线上的多个操作点可以作业,或门电路的逻辑方程为$S = a + b + c$。

3. 自保持电路

自保持电路又称为记忆电路,在各种液、气压装置的控制电路中很常用,尤其是使用单电控电磁换向阀控制液、气压缸的运动时,需要自保持回路。图3-77列出了两种自保持回路。

在图3-77(a)中,按钮PB_1按一下即放开,是一个短信号,继电器线圈K得电,第2条线上的常开触点K闭合,即使松开按钮PB_1,继电器K也将通过常开触点K继续保持得电状态,使继电器K获得记忆。图3-77(a)中的PB_2是用来解除自保持的按钮。当PB_1和PB_2同时按下时,PB_2先切断电路,PB_1按下是无效的,因此这种电路也称为停止优先自保持回路。

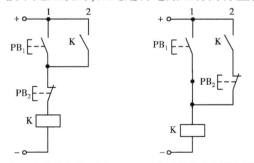

(a)停止优先自保持回路　　　(b)启动优先自保持回路

图3-77　自保持电路图

图3-77(b)所示为另一种自保持回路,在这种电路中,当PB_1和PB_2同时按下时,PB_1使继电器线圈K得电,PB_2无效,这种电路也称为启动优先自保持回路。

上述两种电路略有差异,可根据要求恰当使用。

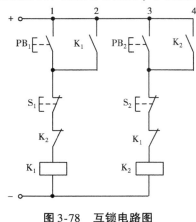

图 3-78　互锁电路图

4. 互锁电路

互锁电路用于防止错误动作的发生,以保护设备、人员安全,如电机的正转与反转,汽缸的伸出与缩回。为防止同时输入相互矛盾的动作信号,使电路短路或线圈烧坏,控制电路应加互锁功能。如图 3-78 所示,按下按钮 PB_1,继电器线圈 K_1 得电,第 2 条线上的触点 K_1 闭合,继电器 K_1 形成自保,第 3 条线上 K_1 的常闭触点断开,此时若再按下按钮 PB_2,则继电器线圈 K_2 一定不会得电。同理,若先按下按钮 PB_2,则继电器线圈 K_2 得电,继电器线圈 K_1 一定不会得电。

5. 延时电路

随着自动化设备的功能和工序越来越复杂,各工序之间需要按一定的时间紧密、巧妙地配合,要求各工序时间可在一定时间内调节,这需要利用延时电路来加以实现。延时控制分为两种,即延时闭合和延时断开。

图 3-79(a)所示为延时闭合电路,当按下开关 PB 后,延时继电器 T 开始计时,经过设定的时间后,时间继电器触点闭合,电灯点亮。放开 PB 后,延时继电器 T 立即断开,电灯熄灭。

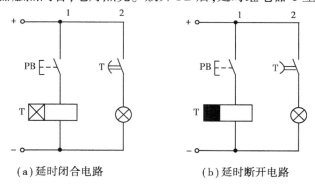

　(a)延时闭合电路　　　　　　　(b)延时断开电路

图 3-79　延时电路图

图 3-79(b)所示为延时断开电路,当按下开关 PB 后,时间继电器 T 的触点也同时接通,电灯点亮,当放开 PB 后,延时断开继电器开始计时,到规定时间后,时间继电器触点 T 才断开,电灯熄灭。

四、电气气动控制回路构建

在设计电气气动程序控制系统时,应将电气控制回路和气动动力回路分开画,两个图上的文字符号应一致,以便对照。

电气控制回路的设计方法有多种,本章主要介绍直觉法和串级法。

1. 用直觉法(经验法)构建电气回路图

用直觉法设计电气回路图即是应用气动的基本控制方法和自身的经验来设计。用此方法设计控制电路的优点是适用于较简单的回路设计,可凭借设计者本身积累的经验,快速地设计出控制回路。此方法的缺点是设计方法较主观,不适用于较复杂的控制回路。在设计电气回路图之前,必须首先设计好气动动力回路,确定好与电气回路图有关的主要技术参数。在气动自动化系统中,常用的主控阀有单电控二位三通换向阀、单电控二位五通换向阀、双电控二位五通换向阀、双电控三位五通换向阀4种。

在用直觉法设计控制电路时,必须考虑以下几方面:

①分清电磁换向阀的结构差异。在控制电路的设计中,按电磁阀的结构不同将其分为脉冲控制和保持控制。双电控二位五通换向阀和双电控三位五通换向阀是利用脉冲控制的。单电控二位三通换向阀和单电控二位五通换向阀是利用保持控制的,在这里,电流是否持续保持,是电磁阀换向的关键。利用脉冲控制的电磁阀,因其具有记忆功能,无须自锁,所以此类电磁阀没有弹簧。为避免因错误动作造成电磁阀两边线圈同时通电而烧毁线圈,在设计控制电路时必须考虑互锁保护。利用保持电路控制的电磁阀,必须考虑使用继电器实现中间记忆,此类电磁阀通常具有弹簧复位或弹簧中位,这种电磁阀比较常用。

②注意动作模式。如汽缸的动作是单个循环,用按钮开关操作前进,利用行程开关或按钮开关控制回程。若汽缸动作为连续循环,则利用按钮开关控制电源的通、断电,在控制电路上比单个循环多加一个信号传送元件(如行程开关),使汽缸完成一次循环后能再次动作。

③对行程开关(或按钮开关)是常开触点还是常闭触点的判别。用二位五通或二位三通单电控电磁换向阀控制汽缸运动,欲使汽缸前进,控制电路上的行程开关(或按钮开关)以常开触点接线,只有这样,当行程开关(或按钮开关)动作时,才能把信号传送给使汽缸前进的电磁线圈。相反,若使汽缸后退,必须使通电的电磁线圈断电,电磁阀复位,汽缸才能后退,控制电路上的行程开关(或按钮开关)在控制电路上必须以常闭触点形式接线,这样,当行程开关(或按钮开关)动作时,电磁阀复位,汽缸后退。

【例1】　设计用二位五通双电控电磁换向阀控制的单汽缸自动连续往复回路。

动作流程如图3-80(a)所示,气动回路如图3-80(b)所示。依照设计步骤完成图3-80(c)所示的电气回路图。

设计步骤如下:

①将启动按钮 PB_1 和电磁阀线圈 YA_1 置于1号线上。当按下 PB_1 后立即放开时,线圈 YA_1 通电,电磁阀换向,活塞前进,达到图3-80(b)中方框1,2和3的要求。

②将行程开关 a_1 以常开触点的形式和线圈 YA_0 置于4号线上。当活塞前进时,压下 a_1, YA_0 通电,电磁阀复位,活塞后退,完成图3-80(b)中方框4和5的要求。其电路如图3-80(c)所示。

③为得到下一次循环,必须在电路上加一个起始行程开关 a_0,使活塞杆后退,压下 a_0 时,将信号传给线圈 YA_1,使 YA_1 再次通电。为完成此项工作, a_0 以常开触点的形式接于3号线上。

系统在未启动之前,活塞在起始点位置, a_0 被活塞杆压住,故其起始状态为接通状态。 PB_2 为停止按钮。电路如图3-80(c)所示。

动作说明如下:

①按下 PB_1,继电器线圈 K 通电,2号线上的继电器常开触点闭合,继电器 K 形成自保,且3号线接通,电磁铁线圈 YA_1 通电,活塞前进。

②当活塞杆离开 a_0 时,电磁铁线圈 YA_1 断电。

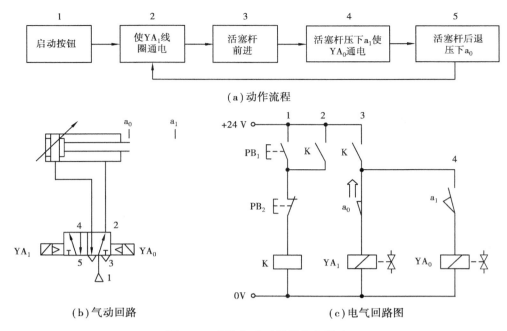

（a）动作流程

（b）气动回路　　　　　　　（c）电气回路图

图 3-80　单汽缸自动连续往复回路

③当活塞杆前进压下 a_1 时，4 号线接通，电磁铁线圈 YA_0 通电，活塞退回。当活塞杆后退压下 a_0 时，3 号线又接通，电磁铁线圈 YA_1 再次通电，第二个循环开始。

图 3-80（c）所示的电路图的缺点是：当活塞前进时，按下停止按钮 PB_2，活塞杆前进，且压在行程开关 a_1 上，活塞无法退回到起始位置。按下停止按钮 PB_2，无论活塞处于前进还是后退状态，均能使活塞马上退回到起始位置。将按钮开关 PB_2 换成按钮转换开关，其电路图如图 3-81 所示。

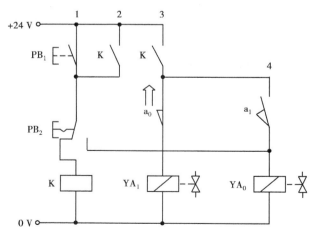

图 3-81　在任意位置可复位的单汽缸自动连续往复回路

2. 用串级法构建电气回路图

对于复杂的电气回路，用上述经验法设计容易出错。本节介绍串级法设计电气回路，其原则与设计纯气动控制回路相似。用串级法设计电气回路并不能保证使用最少的继电器，但却能提供一种方便而有规则可循的方法。根据此法设计的回路易懂，可不必借助位移—步骤图来分析其动作,减少了对设计技巧和经验的依赖。

串级法既适用于双电控电磁阀控制的电气回路,也适用于单电控电磁阀控制的电气回路。

用串级法设计电气回路的基本步骤如下:

①画出气动动力回路图,按照程序要求确定行程开关位置,并确定使用双电控电磁阀或单电控电磁阀;

②按照汽缸动作的顺序分组;

③根据各汽缸动作的位置,决定其行程开关;

④根据步骤③画出电气回路图;

⑤加入各种控制继电器和开关等辅助元件。

在上述的用串级法设计气路中,汽缸的动作顺序经分组后,在任意时刻,只有其中某一组在动作状态中,如此可避免双电控电磁阀因误动作而导致通电,其详细设计步骤如下:

①写出汽缸的动作顺序并分组,分组的原则是每个汽缸的动作在每组中仅出现一次,即同一组中汽缸的英文字母代号不得重复出现。

②每一组用一个继电器控制动作,且在任意时间,仅其中一组继电器处于动作状态。

③第一组继电器由启动开关串联最后一个动作所触动的行程开关的常开触点控制,并形成自保。

④各组的输出动作按照各汽缸的运动位置及所触动的行程开关来确定,并按顺序设计回路。

⑤第二组和后续各组继电器由前一组汽缸最后触动的行程开关的常开触点串联前一组继电器的常开触点控制,并形成自保。由此可避免行程开关被触动一次以上而产生错误的顺序动作,或是不按正常顺序触动行程开关而造成不良影响。

⑥每一组继电器的自保回路由下一组继电器的常闭触点切断,但最后一组继电器除外。最后一组继电器的自保回路是由最后一个动作完成时所触动的形成开关的常闭触点切断的。

⑦如果在回路中有两次动作以上的电磁铁线圈,那么必须在其动作回路上串联该动作所属组别的继电器的常开触点,以避免逆向电流造成不正确的继电器或电磁线圈被励磁。

如果将动作顺序分成两组,则通常只需用一个继电器(一组用继电器常开触点,一组用继电器常闭触点);如果将动作顺序分成 3 组以上,则通常每一组用一个继电器控制,但在任意时刻,只有一个继电器通电。

【例2】　A,B 两缸的动作顺序为 A + B + B − A − ,两缸的位移—步骤图如图 3-82(a)所示,其气动回路如图 3-82(b)所示,试设计其电气回路图。

设计步骤如下:

①将两缸的动作按顺序分组,如图 3-83(a)所示。

②由于动作顺序只分成两组,因此只用 1 个继电器控制即可。第一组由继电器常开触点控制,第二组由继电器常闭触点控制。

③建立启动回路:将启动按钮 PB_1 和继电器线圈 K_1 置于 1 号线上,继电器 K_1 的常开触点置于 2 号线上,且和启动按钮并联。这样,当按下启动按钮 PB_1 时,继电器线圈 K_1 通电并自保。

④第一组的第一个动作为 A 缸伸出,故将 K_1 的常开触点和电磁线圈 YA_1 串联于 3 号线上。这样,当 K_1 通电时,A 缸即伸出,电路如图 3-83(b)所示。

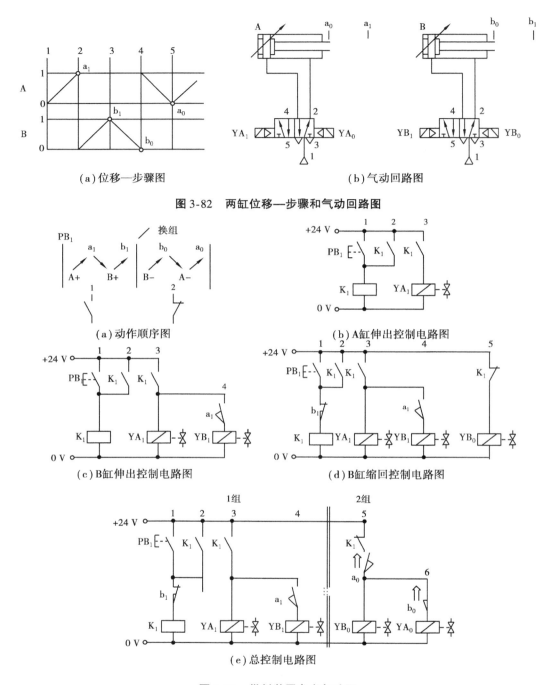

（a）位移—步骤图　　　　　　　　　　　　　（b）气动回路图

图 3-82　两缸位移—步骤和气动回路图

（a）动作顺序图　　　　　　　　　　　　　（b）A缸伸出控制电路图

（c）B缸伸出控制电路图　　　　　　　　　　（d）B缸缩回控制电路图

（e）总控制电路图

图 3-83　供料装置参考气路图

⑤当 A 缸前进压下行程开关 a_1 时,发信号使 B 缸伸出,故将 a_1 的常开触点和电磁线圈 YB_1 串联于 4 号线上,且和电磁线圈 YA_1 并联,电路如图 3-83（c）所示。

⑥当 B 缸伸出压下行程开关 b_1 时,产生换组动作(由 1 组换到 2 组),即线圈 K_1 断电,故必须将 b_1 的常闭触点接于 1 号线上。

⑦第二组的第一个动作为 B−,故将 K_1 的常闭触点和电磁线圈 YB_0 串联于 5 号线上,电

路如图 3-83(d)所示。

⑧当 B 缸缩回压下行程开关 b_0 时,A 缸缩回,故将 b_0 的常开触点和电磁线圈 YA_0 串联,且和电磁线圈 YB_0 并联。

⑨将行程开关 a_0 的常开触点接于 5 号线上,以防止在未按下启动按钮 PB_1 之前电磁线圈 YA_0 和 YB_0 通电。

⑩完成电路,如图 3-83(e)所示。

动作说明如下:

①按下启动按钮,继电器 K_1 通电,2 号和 3 号线上 K_1 所控制的常开触点闭合,5 号线上的常闭触点断开,继电器 K_1 形成自保。

②3 号线通路,5 号线断路,电磁线圈 YA_1 通电,A 缸前进。A 缸伸出压下行程开关 a_1,a_1 闭合,4 号线通路,电磁线圈 YB_1 通电,B 缸前进。

③B 缸前进压下行程开关 b_1,b_1 断开,电磁线圈 K_1 断电,K_1 控制的触点复位,继电器 K_1 的自保消失,3 号线断路,5 号线形成通路。此时,电磁线圈 YB_0 通电,B 缸缩回。

④B 缸缩回压下行程开关 b_0,b_0 闭合,6 号线形成通路,电磁线圈 YA_0 通电,A 缸缩回。

⑤A 缸后退压下 a_0,a_0 断开。

由以上动作可知,采用串级法设计控制电路可防止电磁线圈 YA_1 和 YA_0 及 YB_1 和 YB_0 同时通电。

◎ 计划、决策

1. 参考方案

气动回路:选择带两个磁性开关传感器的单杆双作用汽缸为执行元件,选择先导式双电控二位五通换向阀为方向控制元件。气源装置为气动三联件。

控制电路:用 4 个磁性开关分别检测两个汽缸的工作位置,控制 4 个继电器的线圈,用 4 个继电器触头控制双电控二位五通阀的 4 个电磁铁。

2. 参考气动回路图和控制电路图

参考气动回路如图 3-84 所示,继电器控制电路如图 3-85 所示。

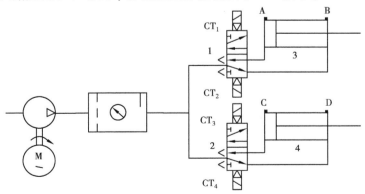

图 3-84   供料装置参考气动回路图

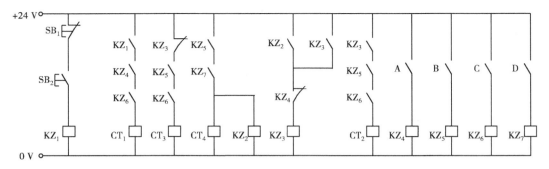

图 3-85　供料装置参考控制电路图

◎ 实施

①读懂气动回路图和控制电路图,并在仿真计算机上进行仿真,通过后再实训。

②根据回路图,选择所需的气动元件,将它们有布局地卡在铝型材上,再用气管将它们连接在一起,组成气动回路。

③按图 3-85 把控制电路图接好。

④仔细检查后,打开气泵的放气阀,压缩空气进入三联件,调节减压阀,使压力为 0.4 MPa 后,由系统图可知,两只汽缸首先将被压回汽缸初始位置,按下 SB₂ 后,顶料汽缸 1 伸出,伸出到位后,推料汽缸 2 伸出,伸到位后,推料汽缸缩回,缩回到位后,顶料汽缸缩回。过程结束。

⑤调整磁性开关位置改变汽缸行程,调整节流阀改变汽缸运动速度。

◎ 检查、评价

表 3-5　任务 4 检查评价表

考核内容		自　评	组长评价	教师评价
		达到标准画√,没达到标准画 ×		
作业完成	1. 按时完成任务	□	□	□
	2. 内容正确	□	□	□
	3. 字迹工整,整洁美观	□	□	□
操作过程	**气动回路设计:**			
	1. 正确设计气动回路	□	□	□
	2. 正确设计控制电路	□	□	□
	3. 正确选择气动元件	□	□	□
	4. 正确完成气电联合仿真	□	□	□
	5. 合理布置气动元件	□	□	□
	6. 可靠连接各气口	□	□	□
	7. 正确选择控制电路各元件	□	□	□

续表

考核内容		自　评	组长评价	教师评价
		达到标准画√,没达到标准画×		
操作过程	调试:			
	1.正确操作气源	□	□	□
	2.正确调整汽缸的运动顺序	□	□	□
	3.正确使用测试仪器、设备	□	□	□
	4.找到故障点并正确解决问题	□	□	□
工作态度	1.不旷课	□	□	□
	2.不迟到,不早退	□	□	□
	3.学习积极性高	□	□	□
	4.学习认真,虚心好学	□	□	□
职业操守	1.安全、文明工作	□	□	□
	2.具有良好的职业操守	□	□	□
团队合作	1.服从组长的工作安排	□	□	□
	2.按时完成组长分配的任务	□	□	□
	3.热心帮助小组其他成员	□	□	□
项目完成	1.气动回路设计、连接正确	□	□	□
	2.调试完成	□	□	□
评价等级				
项目最终评价(自评20%,组评30%,师评50%)				

任务5　钻床气动系统的安装与调试

◎ **任务说明**

钻床在钻削工件时,首先由夹紧汽缸把工件夹紧,夹紧完成后,主轴汽缸带动钻头完成钻削到要求的深度。钻头在孔底停留5秒钟后返回,接着主轴汽缸返回,主轴汽缸返回后夹紧汽缸返回,完成一个工作过程。设计气动系统回路和用PLC控制的控制电路。图3-86所示为气动钻床。

◎ **任务要求**

- 能根据要求设计气动系统回路图,并能选择检测活塞位置的检测元件。
- 能够设计用PLC控制的气动系统控制电路。

- 能根据气动回路图和控制电路图在仿真计算机上完成仿真运行。
- 能在工作台上合理布置各元器件,安装元器件时要规范。
- 能用气管根据回路图牢固连接元器件的各气口。
- 能根据控制电路图连接控制电路,并且编写 PLC 控制程序。
- 完成实验并经老师检查评估后,关闭气泵,拆下管线,将元件放回原位。

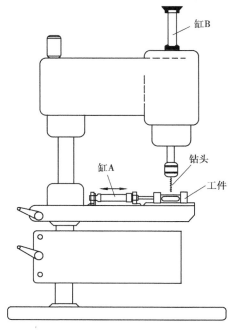

图 3-86　气动钻床

◎ 资讯

可编程控制器控制系统设计步骤

可编程控制器控制系统的设计步骤一般如下:

①根据被控制对象的控制要求,确定整个系统的输入/输出设备的数量,从而确定 PLC 的 I/O点数,包括开关量 I/O、模拟量 I/O 以及特殊功能模块等;

②充分估计被控制对象和以后发展的需要, 所选 PLC 的 I/O 点数应留有一定的余量;

③确定选用的 PLC 机型;

④建立 I/O 地址分配表,绘制 PLC 控制系统的输入/输出硬件接线图;

⑤根据控制要求绘制用户程序流程图;

⑥编制用户程序,并将用户程序装入 PLC 的用户程序存储器;

⑦离线调试用户程序;

⑧进行现场联机调试用户程序;

⑨编制技术文件。

◎ 计划、决策

1. 参考方案

气动回路:选择带两个磁性开关传感器的单杆双作用汽缸为执行元件,选择先导式单电控二位五通换向阀为方向控制元件。气源装置为气动三联件。

控制电路:选择西门子 S7-200 可编程控制器为控制元件,用 4 个磁性开关检测汽缸的工作位置,并以此作为 PLC 的 4 个输入,用 PLC 的两个输出点控制单电控二位五通阀的两个电磁铁 CT_1 和 CT_2。

2. 参考气动回路图、控制电路图和控制程序

参考气动回路如图 3-87 所示,PLC 的外部接线图如图 3-88 所示,控制程序如图 3-89 所示。

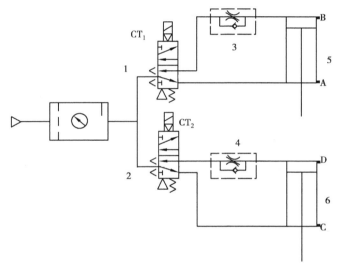

图 3-87 钻床气动系统参考气动回路图

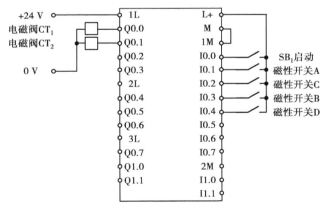

图 3-88 钻床气动系统参考 PLC 外部接线图

157

```
LD        SM0.1
FILL      0, MW0, 2
FILL      0, QW0, 1
FILL      0, IW0. 1

LD        启动按钮：I0.0
O         电磁阀CT1:Q0.0
AN        CT1断电:M0.1
=         电磁阀CT1:Q0.0

LD        磁性开关A:I0.1
O         电磁阀CT2:Q0.1
AN        CT2断电:M0.0
=         电磁阀CT2:Q0.1

LD        磁性开关C:I0.2
O         CT2断电:M0.0
AN        磁性开关B:I0.3
=         CT2断电:M0.0

LD        磁性开关D:I0.4
A         CT2断电:M0.0
O         CT1断电:M0.1
AN        磁性开关B:I0.3
=         CT1断电:M0.1
```

图 3-89　钻床气动系统参考 PLC 控制程序

◎ **实施**

①读懂气动回路图和控制电路图,并在仿真计算机上进行仿真,通过后再实训。

②根据回路图,选择所需的气动元件,将它们有布局地卡在铝型材上,再用气管将它们连接在一起,组成回路。

③按图 3-88 把控制电路图接好。

④仔细检查后,打开气泵的放气阀,压缩空气进入三联件,调节减压阀,使压力为 0.4 MPa后,由系统图可知,两只汽缸首先将被压回汽缸初始位置,按下 SB₁ 后,汽缸 5 前进,夹紧,到头后,磁性开关 A 信号,缸 6 前进,钻孔,到头后,磁性开关 C 信号,缸 6 退回,钻头退回,到头后,磁性开关 D 信号,缸 5 退回,松开工件,并等待下一个工件的加工。

⑤调整磁性开关位置改变汽缸行程,调整节流阀改变汽缸运动速度。

◎ **检查、评价**

表 3-6　任务 5 检查评价表

考核内容		自　评	组长评价	教师评价
		达到标准画√,没达到标准画 ×		
作业 完成	1. 按时完成任务	□	□	□
	2. 内容正确	□	□	□
	3. 字迹工整,整洁美观	□	□	□

考核内容		自　评	组长评价	教师评价
		达到标准画√,没达到标准画×		
操作过程	**气动回路设计:**			
	1.正确设计气动回路	□	□	□
	2.正确设计控制电路	□	□	□
	3.正确选择气动元件	□	□	□
	4.合理布置气动元件	□	□	□
	5.可靠连接各气口	□	□	□
	6.正确选择控制电路各元件	□	□	□
	7.控制程序编写正确	□	□	□
	调试:			
	1.正确操作气源	□	□	□
	2.正确调节汽缸运动速度	□	□	□
	3.正确使用测试仪器、设备	□	□	□
	4.找到故障点并正确解决问题	□	□	□
工作态度	1.不旷课	□	□	□
	2.不迟到,不早退	□	□	□
	3.学习积极性高	□	□	□
	4.学习认真,虚心好学	□	□	□
职业操守	1.安全、文明工作	□	□	□
	2.具有良好的职业操守	□	□	□
团队合作	1.服从组长的工作安排	□	□	□
	2.按时完成组长分配的任务	□	□	□
	3.热心帮助小组其他成员	□	□	□
项目完成	1.液气动回路设计、连接正确	□	□	□
	2.调试完成	□	□	□
评价等级				
项目最终评价(自评20%,组评30%,师评50%)				

情境小结

本教学情境通过 5 个教学任务的完成,学生应掌握的知识包括:液气动系统的工作原理,气动系统的组成、方向控制阀的原理结构,压力控制阀的原理结构,流量控制阀的原理结构,常用换向回路的组成、工作原理,调压回路的组成、工作原理,调速回路的组成、工作原理,气动系统工作原理图的识读方法。通过本情境的学习学生应该具有区分气动系统各组成部分、气动元件的拆装和简单故障排除、绘制和认识气动元件符号、根据气动回路图连接气动回路、识读气动系统工作原理图、构建简单气动系统等能力。

学习情境四　气压传动系统的维护

情境描述

本单元主要介绍气压传动系统的维护以及常见故障的排除。

知识目标

- 掌握气压传动系统图的分析步骤,可以对典型回路进行分析;
- 熟悉常用气压传动系统的使用和维护方法;
- 掌握气压传动系统常见故障的排除方法。

能力目标

- 具有安装与调试一般气压传动系统的能力;
- 具有使用和维护常用气压传动系统的能力;
- 能够分析气压传动系统的常见故障。

任务　压印机装置控制系统维护

◎ 任务说明

图 4-1 所示为压印机装置的工作示意图,它的工作过程为:当踏下启动按钮后,打印汽缸伸出对工件进行打印,从第二次开始,每次打印都延时一段时间,等操作者把工件放好后,才对工件进行打印。现要求对压印装置进行日常维护;另外,如果发现当踏下启动按钮后,汽缸不工作,对系统进行故障分析判断。

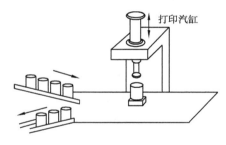

图 4-1　压印机工作原理图

◎ 任务要求

- 能对压印机进行日常维护。
- 了解气压传动系统故障诊断的方法和步骤。
- 具备分析压印机气压传动系统的结构检修能力。

◎ 资讯

一、气压传动系统的安装与调试

1.气动系统的安装

(1)管道的安装

安装前要彻底清理管道内的粉尘及杂物。管子支架要牢固,工作时不得产生振动。接管

161

时要充分注意密封性,防止漏气,尤其注意接头处及焊接处。管路尽量平行布置,减少交叉,力求最短,转弯最少,并考虑到能自由拆装。安装软管要有一定的弯曲半径,不允许有拧扭现象,且应远离热源或安装隔热板。

(2)汽缸的安装

汽缸安装前,应经空载试运转及在 1.5 倍最高工作压力下试压,运转正常和无漏气现象后方可使用。汽缸接入管道前,必须清除管内脏物,防止杂物进入汽缸内。当行程中载荷有变化时,应使用输出力充裕的汽缸,并附加缓冲装置。缓冲汽缸在开始运行前,先把缓冲节流阀拧至节流量较小的位置,然后逐渐打开,直到调到满意的缓冲效果。避免使用满行程,特别是当活塞杆伸出时,要避免活塞杆与缸盖相碰。汽缸安装形式应根据安装位置和使用目的等因素来选择。

(3)油雾器的安装

油雾器应垂直安装,且其上箭头方向即为空气流动方向。油雾器应安装在过滤器、减压阀之后,使进入油雾器的空气有一定的质量要求,以确保油雾器的正常工作。定期拆卸检查和再次安装时应注意以下几点:金属零件用矿物油清洗;橡胶件用肥皂水洗后用清水洗净,并且用低压空气吹干。油雾器的输入、输出口不能装反。储油杯切忌用丙酮和甲苯等溶液清洗,以免损坏油杯。勿用工具拧动壳体螺母,用手的力量拧紧即可。油杯中的油位需保持在工作油位(最高油位和最低油位之间)。

(4)减压阀的安装

安装时应注意以下问题:注意气流方向,要按减压阀或定值器上所示的箭头方向安装。减压阀可于任意位置安装,但最好是按垂直方向安装。装配时滑动部分的表面要涂薄层润滑油。装配前应把管道中的铁屑等脏物吹洗掉,并洗去阀上的矿物油,对气源进行净化处理。为延长减压阀的使用寿命,减压阀不用时,应旋松手柄回零。

(5)流量阀的安装

流量控制阀应尽量靠近汽缸安装;必须注意调速阀的位置,原则上调速阀应设在汽缸管接口附近;彻底防止管路中的气体泄漏,包括各元件接管处的泄漏。

2. 气动系统的调试

(1)调试前的准备:要熟悉说明书等有关技术资料,力求全面了解系统的原理、结构、性能和操作方法。了解元件在设备上的实际位置、需要调整的元件的操作方法及调节旋钮的旋向。准备好调试工具等。

(2)空载时运行一般不少于 2 小时,注意观察压力、流量、温度的变化,如发现异常应立即停车检查,待排除故障后才能继续运转。

(3)负载试运转应分段加载,运转一般不少于 4 小时,分别测出有关数据,记入试运转记录。

二、气压传动系统的使用和维护

1. 气动系统使用的注意事项

①开机前后要放掉系统中的冰凝水。

②定期给油雾器注油。

③开机前检查各调节手柄是否在正确位置,机控阀、行程开关、挡块的位置是否正确、牢固,对导轨、活塞杆等外露部分的配合表面进行擦拭。

④随时注意压缩空气的清洁度,对空气过滤器的滤芯要定期清洗。

⑤设备长期不用时,应将各手柄放松,防止弹簧永久变形而影响元件的调节性能。

2.压缩空气的污染及防止方法

压缩空气的质量对气动系统性能的影响极大,如被污染,将使管道和元件锈蚀、密封件变形、堵塞喷嘴,使系统不能正常工作。压缩空气的污染主要来自水分、油分和粉分3个方面,其污染原因及防止方法如下:

(1)水分

空气压缩机吸入的是含水分的湿空气,经压缩后提高了压力,当再度冷却时就要析出冷凝水,侵入到压缩空气中致使管道和元件锈蚀,影响其性能。防止冷凝水侵入压缩空气的方法是:及时排除系统各排水阀中积存的冷凝水,经常注意自动排水器、干燥器的工作是否正常,定期清洗空气过滤器、自动排水器的内部元件等。

(2)油分

这里的油分是指使用过的因受热而变质的润滑油。压缩机使用的一部分润滑油成雾状混入压缩空气中,受热后引起汽化,随压缩空气一起进入系统,将使密封件变形,造成空气泄漏,摩擦阻力增大,阀和执行元件动作不良,而且还会污染环境。清除压缩空气中油分的方法有:较大的油分颗粒,通过除油器和空气过滤器的分离作用同空气分开,从设备底部排污阀排除;较小的油分颗粒,则可通过活性炭吸附作用清除。

3.气动系统的日常维护

气动系统日常维护的主要内容是冷凝水的管理和系统润滑的管理。前面已讲述了对冷凝水的管理方法,这里仅介绍对系统润滑的管理。

气动系统中从控制元件到执行元件,凡有相对运动的表面都需要润滑。如润滑不当,会使摩擦阻力增大,导致元件动作不良,因密封面磨损会引起系统泄漏等危害。润滑油的性质直接影响润滑效果。通常,高温环境下用高黏度润滑油,低温环境下用低黏度润滑油。如果温度特别低,为克服起雾困难,可在油杯内装加热器。供油量是随润滑部位的形状、运动状态及负载大小而变化的,供油量总是大于实际需要量。一般以每10 m³自由空气供给1 mL的油量为基准。还要注意油雾器的工作是否正常,如果发现油量没有减少,需及时检修或更换油雾器。

另外应定期检查空压机是否有异常声音和异常发热。

4.气动系统的定期检修

定期检修的时间间隔通常为3个月,其主要内容如下:

①查明系统各泄漏处,并设法予以解决。

②通过对方向控制阀排气口的检查,判断润滑油是否适度,空气中是否有冷凝水。如果润滑不良,考虑油雾器规格是否合适,安装位置是否恰当,滴油量是否正常等。如果有大量冷凝水排出,考虑过滤器的安装位置是否恰当,排除冷凝水的装置是否合适,冷凝水的排除是否彻底。如果方向控制阀排气口关闭时仍有少量泄漏,往往是元件损伤的初始阶段,检查后,可更换受磨损元件以防止发生动作不良。

③检查安全阀、紧急安全开关动作是否可靠。定期修检时,必须确认它们动作的可靠性,以确保设备和人身安全。

④观察换向阀的动作是否可靠。根据换向时声音是否异常,判定铁芯和衔铁配合处是否有杂质。检查铁芯是否有磨损,密封件是否老化。

⑤反复开关换向阀观察汽缸动作,判断活塞上的密封是否良好。检查活塞杆外露部分,判定前盖的配合处是否有泄漏。

上述各项检查和修复的结果应记录下来,以作为设备出现故障查找原因和设备大修时的参考。气动系统的大修间隔期为一年或几年,其主要内容是检查系统各元件和部件,判定其性能和寿命,并对平时产生故障的部位进行检修或更换元件,排除修理间隔期间内一切可能产生故障的因素。

三、气压传动系统故障种类及排除方法

1.气动系统故障种类

由于故障发生的时期不同,故障的内容和原因也不同。因此,可将故障分为初期故障、突发故障和老化故障。

（1）初期故障

在调试阶段和开始运转的两三个月内发生的故障称为初期故障。其产生原因主要有:零件毛刺没有清除干净,装配不合理或误差较大,零件制造误差或设计不当。

（2）突发故障

系统在稳定运行时期内突然发生的故障称为突发故障。例如,油杯和水杯都是用聚碳酸酯材料制成的,如果它们在有机溶剂的雾气中工作,就有可能突然破裂;空气或管路中,残留的杂质混入元件内部,突然使相对运动件卡死;弹簧突然折断、软管突然爆裂、电磁线圈突然烧毁;突然停电造成回路误动作等。

有些突发故障是有先兆的,如排出的空气中出现杂质和水分,表明过滤器失效,应及时查明原因,予以排除,不要酿成突发故障。但有些突发故障是无法预测的,只能采取安全保护措施加以防范,或准备一些易损备件,以便及时更换失效的元件。

（3）老化故障

个别或少数元件达到使用寿命后发生的故障称为老化故障。参照系统中各元件的生产日期、开始使用日期、使用的频繁程度以及已经出现的某些征兆,如声音反常、泄漏越来越严重等,可以大致预测老化故障的发生期限。

2.气动系统故障排除方法

（1）经验法

经验法指依靠实际经验,并借助简单的仪表诊断故障发生的部位,找出故障原因的方法。经验法可按中医诊断病人的四字"望、闻、问、切"进行。

①望。例如,看执行元件的运动速度有无异常变化;各测压点的压力表显示的压力是否符合要求,有无大的波动;润滑油的质量和滴油量是否符合要求;冷凝水能否正常排出;换向阀排气口排除空气是否干净;电磁阀的指示灯显示是否正常;紧固螺钉及管接头有无松动;管道有无扭曲和压扁;有无明显振动存在;加工的产品质量有无变化等。

②闻。包括耳闻和鼻闻。例如,汽缸及换向阀换向时有无异常声音;系统停止工作但尚未泄压时,各处有无漏气,漏气声音大小及其每天的变化情况;电磁线圈和密封圈有无因过热而发出的特殊气味等。

③问。即查阅气动系统的技术档案,了解系统的工作程序、运行要求及主要技术参数;查阅产品样本,了解每个元件的作用、结构、功能和性能;查阅维护检查记录,了解日常维护保养

工作情况;访问现场操作人员,了解设备运行情况,了解故障发生前的征兆及故障发生时的状况,了解曾经出现过的故障及其排除方法。

④切。例如,触摸相对运动件外部的手感和温度、电磁线圈处的温升等。触摸 2 s 感到烫手,则应查明原因。另外,还要查明汽缸、管道等处有无振动,汽缸有无爬行,各接头处及元件处手感有无漏气等。

经验法简单易行,但由于每个人的感觉、实践经验和判断能力的差异,诊断故障会存在一定的局限性。

（2）推理分析法

推理分析法是利用逻辑推理、步步逼近,寻找出故障的真实原因的方法。

①推理步骤。

从故障的症状推理出故障的真正原因,可按下面 3 步进行。

a. 从故障的症状,推理出故障的本质原因;

b. 从故障的本质原因,推理出故障可能存在的原因;

c. 从各种可能的常见原因中,找出故障的真实原因。

②推理方法。

推理的原则是:由简到繁、由易到难、由表及里逐一进行分析,排除不可能的和非主要的故障原因;故障发生前曾调整或更换过的元件先查;优先查故障概率高的常见原因。

a. 仪表分析法。利用检测仪器仪表,如压力表、压差计、电压表、温度计、电秒表及其他电仪器,检查系统或元件的技术参数是否合乎要求。

b. 部分停止法。暂时停止气动系统某部分的工作,观察对故障征兆的影响。

c. 试探反证法。试探性地改变气动系统中部分工作条件,观察对故障征兆的影响。

d. 比较法。用标准的或合格的元件代替系统中相同的元件,通过工作状况的对比来判断被更换的元件是否失效。

四、气动系统主要元件的常见故障及其排除方法（见表 4-1 至表 4-4）

表 4-1　汽缸的常见故障和排除方法

故　障		原因分析	排除方法
外泄漏	活塞杆端泄气	活塞杆安装偏心; 润滑油供应不足; 活塞杆密封圈磨损; 活塞杆轴承配合面有杂质; 活塞杆有伤痕	重新安装调整,使活塞杆不受偏心和横向负荷; 检查油雾器是否失灵; 更换密封圈; 清洗去除杂质,安装更换防尘罩; 更换活塞杆
	缸筒与缸盖间漏气	密封圈损坏	更换密封圈
	缓冲调节处漏气	密封圈损坏	更换密封圈
内泄漏	活塞两端串气	活塞密封圈损坏; 润滑不良; 活塞被卡住、活塞配合面有缺陷; 杂质挤入密封面	更换密封圈; 检查油雾器是否失灵; 重新安装调整,使活塞杆不受偏心和横向负荷; 除去杂质,采用净化压缩空气

续表

故　障		原因分析	排除方法
输入力不足, 动作不平稳		润滑不良; 活塞或活塞杆卡住; 供气流量不足; 有冷凝水杂质	检查油雾器是否失灵; 重新安装调整,消除偏心横向负荷; 加大连接或管接头口径; 注意用净化干燥压缩空气,防止水凝结
缓冲效果不良		缓冲密封圈磨损; 调节螺钉损坏; 汽缸速度太快	更换密封圈; 更换调节螺钉; 注意缓冲机构是否合适
损伤	活塞杆损坏	有偏心横向负荷; 活塞杆受冲击负荷; 汽缸的速度太快	消除偏心横向负荷; 冲击不能加在活塞杠上; 设置缓冲装置
	缸盖损坏	缓冲机构不起作用	在外部或回路中设置缓冲机构

表 4-2　溢流阀的常见故障和排除方法

故　障	原因分析	排除方法
压力虽已超过调定溢流压力,但不溢流	阀内部的孔堵塞; 阀的导向部分进入异物	清洗; 清洗
虽压力没有超过调定值,但在出口却溢流空气	阀内进入异物; 阀座损伤; 调压弹簧失灵	清洗; 更换阀座; 更换调压弹簧
溢流时发生振动(主要发生在膜片式阀,其气阀压力差($p_\text{开} - p_\text{闭}$)较小)	压力上升速度很慢,溢流阀放出流量多,引起阀振动; 因从气源到溢流阀之间节流,溢流阀进口压力上升慢而引起振动	出口侧安装针阀微调溢流量,使其与压力上升量匹配; 增大气源到溢流阀的管道口径,以消除节流
从阀体或阀盖向外漏气	膜片破裂(膜片式); 密封损伤	更换膜片; 更换密封件

表 4-3　油雾器的常见故障和排除方法

故　障	原因分析	排除方法
油不能滴下来	没有产生油滴下落所需的压差; 油雾器方向装反; 油道堵塞; 通往油杯的空气通道堵塞,油杯未加压	换成适当规格的油雾器; 改变安装方向; 清洗、检查、修理; 清洗、检查、修理

续表

故　障	原因分析	排除方法
油杯未加压	通往油杯的空气通道堵塞； 油杯大，油雾器使用频繁	检查修理，加大通往油杯的空气管道口径； 使用快速循环式油雾器
输出端出现异物	滤气器滤芯破损； 滤芯密封不严； 用有机溶剂清洗造成	更换滤芯； 更换滤芯的密封，紧固滤芯； 用清洁的热水或煤油清洗
塑料水杯破损	在有机溶剂的环境中使用； 空压机输出某种焦油； 对塑料有害的物质被压缩机吸入	使用不受有机溶剂侵蚀的材料； 更换压缩机的润滑油或使用无油压缩机或用金属杯； 更换金属杯
漏气	密封不良； 因物理（冲击）、化学原因使塑料杯破裂； 泄水阀自动排水失灵	更换密封件； 用金属杯； 修理

表 4-4　减压阀的常见故障和排除方法

故　障	原因分析	排除方法
平衡状态下，空气从溢流口溢出	进气阀和溢流阀座有尘埃； 阀杆顶端和溢流阀座之间密封漏气； 阀杆顶端和溢流阀之间研配质量不好； 膜片破裂	取下清洗； 更换密封圈； 重新研配或更换； 应更换
压力调不高	调压弹簧断裂； 膜片破裂； 膜片有效受压面积与调压弹簧设计不合理	应更换； 应更换； 修改设计
调压时压力爬行，升高缓慢	过滤网堵塞； 下部密封圈阻力大	应拆下清洗； 更换密封圈或检查有关部分
出口压力发生激烈波动或不均匀变化	阀杆或进气阀芯上的 O 形密封圈表面损伤； 进气阀芯与阀底座之间导向接触不好	应换新件； 整修或换阀芯

◎ **计划、决策**

在实际应用中，为了从各种可能的常见故障推理原因中找出故障的真实原因，可根据上述推理原则和推理方法，快速找出故障的真实原因。

1.压印装置工作原理分析

在故障诊断前，首先要对气动控制原理图进行仔细分析，分析压缩空气的工作路线，以及各元器件的控制状态，初步确定哪些元器件可能出故障。

图 4-2 所示为压印装置的控制原理图,当踏下启动按钮后,由于延时阀 1.6 已有输出,所以双压阀 1.8 有压缩空气输出,使得主控阀 1.1 换向,压缩空气由主控阀的左位经单向节流阀 1.02 进入汽缸 1.0 的左腔,使得汽缸 1.0 伸出。

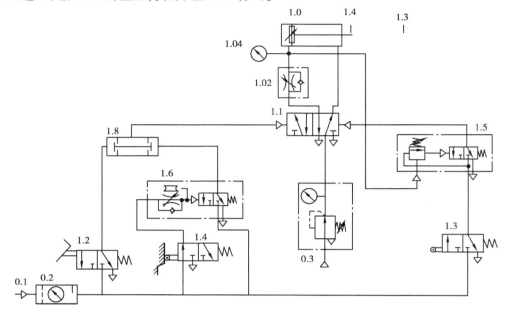

图 4-2　压印装置气动控制原理图

2.压印装置故障分析

如上述故障原因所述,踏下启动按钮汽缸不动作,该故障有可能产生的元器件为汽缸 1.0、单向节流阀 1.02、主控阀 1.1、压力控制阀 0.3、双压阀 1.8、延时阀 1.6、行程阀 1.4 及启动按钮 1.2。

首先查看单向节流阀 1.02 是否有压缩空气输出,如果有压缩空气输出,那就是汽缸有故障,如果没有压缩空气输出则有两种情况,一种是单向节流阀 1.02 有故障,另一种是主控阀 1.1 有故障。

在判别主控阀时,首先应当检查主控阀是否换向,如不换向,则应当是控制信号没有输出或主控阀有故障,而主控阀换向,则可能是主控阀 1.1 有故障或压力调节阀 0.3 有故障。

如果主控阀不换向,则原因是没有控制信号输出,也就是双压阀 1.8 没有压缩空气输出。双压阀没有压缩空气输出有 3 种情况,一种是双压阀 1.8 有故障,二是启动按钮有故障或是延时阀没有信号输出,三是在延时阀没有信号输出时又存在两种情况,一是延时阀存在故障,二是行程阀存在故障。

在检查过程中,要注意管子的堵塞和管子的连接状况,有时往往是管子堵塞或管接头没有正确连接所引起的故障。还要注意输出压缩空气的压力,有时可能有压缩空气输出,但压力较小,这主要是由泄漏引起的。检查漏气时常采用的方法是在各检查点涂肥皂液。

在系统中有延时阀时,还要注意延时阀的节流口是否关闭或者节流调节是否过小,节流口关闭或调节过小也会使延时阀延时过长而没有输出。

◎ **实施**

①根据压印机气动系统原理图,分析压印机的工作原理;

②分析压缩空气的工作路线以及各元器件的控制状态,初步确定哪些元器件可能出故障;

③合理布局,在操台上完成压印机的控制系统回路的连接,设置故障,检验故障原因与分析的是否一致。

◎ **检查、评价**

表 4-5　任务检查评价表

考核内容		自　评	组长评价	教师评价
		达到标准画√,没达到标准画×		
作业完成	1. 按时完成任务	□	□	□
	2. 内容正确	□	□	□
	3. 字迹工整,整洁美观	□	□	□
操作过程	**气动系统故障诊断:**			
	1. 正确选择气动元件	□	□	□
	2. 合理布置气动元件	□	□	□
	3. 可靠连接各气口	□	□	□
	4. 正确选择控制电路各元件	□	□	□
	5. 全面分析故障产生的原因	□	□	□
	6. 合理推理故障源头	□	□	□
	调试:			
	1. 正确操作气源	□	□	□
	2. 正确调节汽缸运动速度	□	□	□
	3. 正确使用测试仪器、设备	□	□	□
	4. 找到故障点并正确解决问题	□	□	□
工作态度	1. 不旷课	□	□	□
	2. 不迟到,不早退	□	□	□
	3. 学习积极性高	□	□	□
	4. 学习认真,虚心好学	□	□	□
职业操守	1. 安全、文明工作	□	□	□
	2. 具有良好的职业操守	□	□	□

续表

考核内容		自 评	组长评价	教师评价
		达到标准画√,没达到标准画×		
团队合作	1.服从组长的工作安排	□	□	□
	2.按时完成组长分配的任务	□	□	□
	3.热心帮助小组其他成员	□	□	□
项目完成	1.压印机原理分析完成	□	□	□
	2.故障验证正确	□	□	□
评价等级				
项目最终评价(自评20%,组评30%,师评50%)				

情境小结

1.气动系统的安装

安装管道前要彻底清理管道内的粉尘及杂物。管子支架要牢固,工作时不得产生振动。接管时要充分注意密封性,防止漏气,尤其注意接头处及焊接处。

汽缸安装前,应经空载试运转及在1.5倍最高工作压力下试压,运转正常和无漏气现象后方可使用。汽缸安装形式应根据安装位置和使用目的等因素来选择。

油雾器应垂直安装,且其上箭头方向即为空气流动方向。油雾器应安装在过滤器、减压阀之后,使进入油雾器的空气有一定的质量要求以确保油雾器的正常工作。

2.气动系统的调试

要熟悉说明书等有关技术资料,力求全面了解系统的原理、结构、性能和操作方法。空载时运行一般不少于2小时,注意观察压力、流量、温度的变化,如发现异常应立即停车检查,待排除故障后才能继续运转。负载试运转应分段加载,运转一般不少于4小时,分别测出有关数据,记入试运转记录。

3.气动系统的日常维护

气动系统日常维护的主要内容是冷凝水的管理和系统润滑的管理。气动系统中从控制元件到执行元件,凡有相对运动的表面都需要润滑。如润滑不当,会使摩擦阻力增大导致元件动作不良,因密封面磨损会引起系统泄漏等危害。润滑油的性质直接影响润滑效果。另外应定期检查空压机是否有异常声音和异常发热。

4.气动系统故障种类

由于故障发生的时期不同,故障的内容和原因也不同。因此,可将故障分为初期故障、突发故障和老化故障。气动系统故障排除方法有经验法和推理分析法。

参考文献

［1］马春峰.液压与气动技术［M］.北京:人民邮电出版社,2007.

［2］曹建东,龚肖新.液压传动与气动技术［M］.北京:北京大学出版社,2006.

［3］吴春玉,辛莉.液压与气动技术［M］.北京:北京大学出版社,2008.

［4］邹建华.液压与气动技术基础［M］.武汉:华中科技大学出版社,2006.

［5］侯会喜,蔺国民,等.液压与气动技术［M］.北京:北京理工大学出版社,2010.

［6］朱梅.液压与气动技术［M］.西安:西安电子科技大学出版社,2006.

［7］罗洪波.液压与气动系统应用与维修［M］.北京:北京理工大学出版社,2009.

［8］路甬祥.液压气动技术手册［M］.北京:机械工业出版社,2002.

［9］赵静一.液压气动系统常见故障分析与处理［M］.北京:化学工业出版社,2009.

［10］张宏友.液压与气动技术［M］.大连:大连理工大学出版社,2009.

［11］王积伟.液压与气压传动习题集［M］.北京:机械工业出版社,2006.

［12］齐晓杰.汽车液压、液力与气压传动技术［M］.北京:化学工业出版社,2005.

［13］胡海清,陈爱民.液压与气动控制技术［M］.北京:北京理工大学出版社,2006.

［14］张世亮.液压与气动［M］.厦门:厦门理工大学出版社,2005.